나를
알면
내 아이가 보인다.

Bud

기획 편집을 하면서

지난해 통계청 발표 여성 1명이 평생 낳을 것으로 예상되는 합계출산율이 0.78명으로 계속하여 출산율이 감소하고 있다는 뉴스를 읽었다. 사상 초유의 0명대 출산율이 지속된다는 것이다.

정부에서는 저출산 문제에 대한 대책을 마련하기 위해서 고군분투하지만, 현실이 녹록지 않다. 육아와 교육 병행, 주거 문제, 건강, 노후 등 어느 것 하나 쉬운 것이 없다. 출산에 관해서는 회의적인 인식이 더 커지고 있다.

'아이를 키우기에 소득이 적다.', '자녀에게 충분히 잘해 줄 수 없다.', '한국의 치열한 경쟁과 교육제도에서 키우기 싫다.', '나를 위한 삶을 살고 싶다.' 등의 다양한 이유에서다.

생각해 보면 내가 현재 두 아이를 키우면서 겪고 느꼈던 것들이, 요즘 20~30세대가 경험하지 않았음에도 예측하는 것과 크게 다르지 않다.

하지만 그들에게 강요하지 않지만 말하고 싶다. 자녀와 함께하는 기쁨이 있다고. 나의 거울이 되는 아이들과 교감해야 가져볼 수 있는 삶의 가치와 경험 말이다. 그 무엇과도 바꿀 수 없는 것임을 말하고 싶다.

그렇더라도 쉽지 않기에 망설이고, 선택하지 못할 것이다. 잠시 눈을 감고 생각해 보자. 어릴 적 수많은 날 중 부모와 함께했던 기억이 조각 조각이지만 생각나지 않는가? 물론 좋은 기억만이 아닌, 기억하고 싶지 않은 것도 있을 것이다. 사진 보듯이 선명하지는 않지만, 내 부모님과 함께 한 기억만으로 아련하게 따뜻해짐을 느낄 것이다.

이 책을 기획하고 편집하면서 나는, 우리 아이들은, 우리 부모님은 이런 질문과 생각을 반복했다.

지금의 내가 있기까지, 우리 아이들과 어떻게 성장해야 할지, 아이들 눈에 나는 어떤 거울로 비춰질지 생각해 볼 수 있었다.

이 책을 읽는 독자분 중에 유아기의 자녀를 키운다면 아동기와 청소년기는 어떤 가치와 방향으로 키워야 할지, 아동기나 청소년기의 자녀를 키운다면 지금의 상황이 어디에서부터 온 것인가 짚어볼 수 있으며, 지금부터라도 아이와 함께 성장할 수 있는 책이 아닐까 생각해 본다.

지식공유 Bud

프롤로그

현장에서 청소년상담사로 근무하고 있는 나는 10년간 많은 청소년과 그들의 부모님을 만나 상담하였다. 어떤 청소년들은 자신이 힘든 부분을 명확히 이해하고 직접 상담실에 방문하는 경우도 있다. 그러나 대부분 청소년은 자기가 원해서 상담받으러 오기보다는 학부모, 학교 교사와 관련 지도자들의 의뢰로 상담실을 방문하는 경우가 더 빈번하다. 학부모 상담을 할 때 청소년들의 부모님은 나에게 '우리 아이 좋아질 수 있을까요?', '제가 못난 부모인 거 같다.', '제 잘못으로 문제가 발생한 것 같다.'와 같이 자책 어린 얘기를 한다. 나는 학부모에게 "상담실에 내방을 한 것이 시작이며 청소년 시절은 비록 혼돈의 소용돌이 속에 놓여있지만 반대로 그만큼의 성장의 가능성 또한 열려 있다."고 말해준다.

이 책의 내용을 유아기, 아동기, 청소년기 3개의 주요 발달 시기를 주요 골자로 글을 쓴 배경에는 하나의 건물을 건축할 때, 그 지하의 기반을 견고하게 설계할 경우 상위의 층을 보다 용이하게 건축할 수 있듯이 유아기와 아동기, 청소년기는 우리 인생의 발달 과정에 막대한 영향을 끼치기 때문이다. 또한 현재 사회에서 빈번하게 발생하고 있는 인간관계의 부정적인 사건·사고들이 인생 발달 초기 안정적인 애착과 돌봄의 경험이 빈약한 것과 관련이 있기 때문이다.

먼저 유아기에는 태어나고 출생한 이후 아동기까지의 성장 과정을 사람과 사람 간의 관계에 대해 강조하는 관점으로 고안이 된 대상관계이론과 애착이론의 핵심 개념을 통해 살펴보고 자신을 이해하는 시간을 갖음으로써 부모로서 한 개인으로서 나와 아이들과 잘 지낼 수 있는 지식과 통찰 방법을 정리하였다.

본격적인 학습이 시작되는 아동기의 경우 알프레드 아들러Alfred Adler의 열등감과 우월에 대한 욕구와 에릭 에릭슨Erick H. Erikson의 열등감 대 근면감의 시기를 조명하면서 성격 형성의 부분과 진로 형성의 기본 요소인 흥미와 재능에 관해 정리하였다. 이 시기의 아이들이 본격적인 학습기에 도달하고 아이들의 성격이 뚜렷이 나타남에 따라 기질과 성격에 관한 내용을 통해 자신과 아이들에 대한 이해를 할 수 있도록 정리하였다.

청소년기의 경우는 자아 정체감의 시기로서 긍정적인 자아 정체감의 형성 방법과 노하우를 진로와 학습의 관점에서 정리하였다. 청소년은 본격적인 진로를 선택해야 하고 각 시기에 맞게 자신에게 적합한 고등학교와 대학교를 선정하거나 취업과 진로를 선택해야 하므로 진로와 직업에 대해 어떻게 준비해야 하는지 정리하였다.

부가적으로 아동기와 청소년기 시기에 효율적으로 상담받는 방법과 정서적 변화가 심한 청소년기에 다양한 정서적 문제와 심리적 변화에 대해 학부모들이 대처하는 방법도 제시하였다.

자녀를 이해하고 소통하고자 하는 부모, 아이들과 함께 성장을 도모하려는 분들에게 도움이 되길 기대해 본다.

배영광

차/례

청소년기; '나'를 알아가기 위한 몸부림의 시기

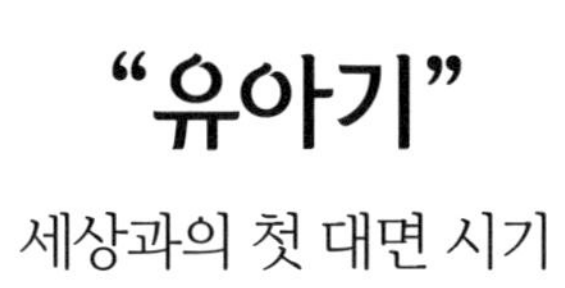

"유아기"

세상과의 첫 대면 시기

어머니 배 속에서 10여 개월을 보낸 뒤 한 아이는 울음으로써 세상에 나오게 된다. 이때의 울음은 한 아이의 존재를 알려주는 신호이자 생명에 대한 꿈틀거림이다. 그렇게 태어난 아이는 부모로부터 절대적인 헌신과 돌봄을 통해 급격한 성장을 하게 된다.

긍정적인지 부정적인지는 몰라도 세상 그 누구도 태어난 뒤부터 생후 2년간을 기억하는 것은 극히 드물다. 생후 2년의 시기 동안 부모로부터 충분한 돌봄과 정서적 지지 유무에 따라 건강한 성장을 하거나 불안정하게 성장을 할 수 있다.

그렇다면 이 시기에서 아이에게 중요타자(Significant other)이자 부모로서 우리는 어떠한 입장과 자세를 견지(堅持)해야 할까?

요즘 같은 정보화 시대 다양한 양육 관련 정보와 교육으로 많은 것을 접하지만, 올바른 양육 관련 정보를 선택하고 적용하는 것에 어려움이 있다.

유아기에서는 유아를 양육하는 방법에서 나에 대한 점검을 통해 해결책을 모색하는 방법과 출생 시부터 어떤 정서와 특징을 가지며 내가 간과한 것과 앞으로 해야 할 것을 조망해 본다.

유아에 대한 새로운 관점

수많은 유명인이나 저명한 학자, 흔히 우리가 좋아하는 인물들조차도 유아기, 아동기, 청소년기의 인생 초기 성장 과정을 거치게 된다. 어머니의 배 속에서 약 10개월간 성장한 태아는 탯줄을 끊고서야 비로소 세상에 자신의 존재를 울음으로 알리게 된다.

아이가 태어나서 처음 우는 것과 관련해서 정신분석학자인 오토 랑크Otto Rank, 1884~1939는 '출생외상설(The Trauma of Birth)'이라는 관점으로 아이의 생리적 상태를 설명하였다.

- 오토 랑크, 출생외상설(The Trauma of Birth)

오토 랑크는 출생의 신체적·심리적인 경험이 일차적이고 근본적인 불안을 일으키고, 이는 일차적으로 억압이 된다고 설명하였다. 즉, 엄마의 자궁으로부터 분리에서 오는 출생외상이 그 이후의 모든 분리불안의 근본적 원인이 된다는 것이다. 오토 랑크에 따르면 신경증은 이처럼 결합과 분리 사이에서 적절한 균형이 이뤄지지 않을 때 발생하는 것으로 설명하였다.

오토 랑크의 설명을 조금 더 정리하자면 신생아 첫울음의 의미는 평온했던 엄마 배 속에 있던 아이에게 세상으로의 탄생은 혼돈과 충격적인 경험으로 지각하게 됨을 의미한다. 어머니 배 속의 평온했던 공간과 달리, 실제는 커다랗게 비추는 불빛과 수술실의 온도 등 처음 마주하는 상황들로 아이들은 급작스러운 환경의 변화에 대해 울음으로 대처할 수밖에 없다. 오토 랑크를 비롯한 현대 정신분석학인 대상관계 이론가들은 두 가지 관점으로 아이의 첫 심리적 탄생을 설명한다. 먼저 한 관점은 아이가 그 어면 외상 경험 없이 온전한 상태로 태어난다는 관점이다. 또 다른 관점은 자신의 본능적 욕구 충족이 안 되면 높은 수준의 정서적 불안감을 느끼고 유아기를 시작한다는 관점이다. 이 두 관점이 대상관계에서 언급하는 처음 출생한 아이의 심리적 상태이다.

- 태어난다는 것

한 내담자가 나에게 자녀를 출생하던 일을 언급하였다. 늦둥이로 40세에 자녀를 병원에서 낳게 되었는데 간호사가 자신의 아이 엉덩이를 아주 세게 때리는 것이 아닌가? 물론 이러한 정황은 일부러 간호사가 신생아가 미워서 때린 것은 아니었다.

간호사는 아이가 막 탯줄을 끊고 출생했을 때 첫울음을 확인하는 것이 의례적인 하나의 방법이었을 것이다. 그러한 이유의 행동 패턴이었지만 내담자는 자신이 힘과 공을 들여 낳은 아이의 엉덩이를 세게 때리는 모습을 보고 놀라 왜 때리냐고 물었다고 한다. 이 정황에서 이제 막 태어난 아이는 그 간호사로 인해 울음을 터트리겠지만 이를 보는 어머니로서는 놀라기 쉬운 순간이라 생각이 들었다.

비록 처음에는 온전하고 상처가 없는 상태로 출생하지만, 중요타자인 부모가 충분히 자신의 욕구를 만족시켜 주는지의 그 여부에 따라 만족시켜 주는 경험이 부족하면 나쁜 부모 경험으로 지각하고 그러한 불만족의 경험을 나쁜 대상 경험으로 지각하고 이를 인식하게 되므로 일종의 정서적 혼란 상태를 경험한다는 관점이다.

즉, 엄마가 유아의 행동 하나하나에 담긴 의미를 파악하고 유아의 욕구를 충족시켜 주는 돌봄을 제공한다면 유아는 부모를 자신의 욕구를 지원해 주는 좋은 엄마로, 그렇지 않으면 나쁜 엄마로 지각하며 불편감을 부모에게 표현한다는 것이다.

- 새로운 견해

최근의 현대 정신분석학적 접근에서는 유아에 대한 새로운 견해를 설명한다. 우리가 생각할 때 유아기 시절 엄마는 존재로서 유아에게 절대적인 영향권을 갖게 된다. 엄마의 긍정적이고 지지적인 정서적 양육은 유아에게 산소와같이 필요하다는 것을 의미한다. 불과 몇 년 전만 해도 유아와 엄마의 관계에서 엄마가 일방적이고 주도적으로 유아에게 영향을 끼치고 있음이 강조되었다. 그러나 최근에 연구와 이론에서는 유아도 엄마에게 영향을 주고받는 관점이 제시되고 있다. 엄마의 행복감을 끌어 올리기 위해 유아가 잘 웃는다던가 마치 남자와 여자가 서로 상호영향력을 발휘하듯이 이제는 유아가 엄마에게 맞추는 듯한 행동과 태도를 보인다는 것이다.

아이가 태어날 때부터 엄마의 말과 표정과 접촉이 지닌 리듬과 표현의 변화에 민감할 뿐만 아니라 엄마와 같이 호흡하고 상호교류하고자 하는 의도를 출생할 때부터 가지고 태어난다는 것이 보고되었다. 신생아는 엄마의 눈이 보여주는 관점에 지각하고 이에 반응할 준비가 되어 있으며 목소리로 전달되는 엄마의 감정에 반응할 준비도 되어 있다. 유아들이 보여주는 조숙한 의사소통 능력은 돌봐주는 사람에 대한 감정적 반응이 초기 뇌 발달에 중요한 역할을 하는 것을 시사한다(Schore, 1994)[1].

1) 출처: Schore, A. N. (1994). Affect regulation and the origin of the self: The neurobiology of emotional development. Hillsdale, NJ : Erlbaum

여러분의 유아들이 여러분을 향해 보이는 눈빛은 이미 여러분들이 원하는 눈빛의 모습으로 유아들은 연기를 한다는 것을 의미한다. 왜냐하면 유아들 역시 자신들의 생살여탈권이 부모님의 통제하에 있음을 알고 있기 때문일 것이다. 지금 여러분들은 유아들에게 어떠한 감정으로 대하고 있는가? 어머니가 아이를 안아주고 정서적 지지를 제공할 때 사랑하는 마음으로 안아주는 것과 마지못해 의무적으로 안아주는 것을 아이들은 이미 직감적으로 파악할 수 있으며 온전한 어머니 사랑의 온기는 아이들의 긍정적인 뇌의 성장을 유발한다.

아이가 반사적으로 엄마를 향해 미소를 짓고 엄마의 표정을 아이가 모방하고 엄마의 표정과 똑같은 눈 동작을 보이면 엄마도 기뻐하며 긍정적인 정서를 느끼게 된다. 아이가 엄마의 젖을 빨면서 아이는 진정이 되며 엄마는 자신이 어머니가 됨에 따른 행복감을 느끼게 된다. 진화적으로 절대자는 신생아에게 엄마가 모성 본능을 느끼게 하고 엄마와 눈을 맞추고 신체적인 접촉을 늘릴 수 있는 지혜를 준 것으로 추론할 수 있다.(Uvnas- Moberg & Erickson, 1996)[2].

2) 출처: Uvnas-Moberg, K., & Erickson, M. (1996). Breastfeeding: Physiological, endocrine and behavioural adaptations caused by oxytocin and local neurogentic activity in the nipple and mammary gland. Acta Paediatirca, 85, 525-530

- 유아를 바라보는 시선에 대한 나의 자세

가끔 보는 TV 프로그램 중에서 '산'에서 주로 거주하는 중·장년기 남성들을 다루는 프로그램을 자주 본다. 이 프로그램의 참여자들은 자신만의 논조와 신념을 갖고 산에서 모든 생활의 부분들을 자율적으로 해결하는 데 세상과의 교류는 빈번하지 않은 이들의 삶의 패턴이 자폐적 성향이 있다고 보인다. 자신만의 삶의 패턴이 유난히 강하기 때문에 이분들은 다른 이들의 삶의 모습과 패턴이 다르게 보이기 때문이다.

최근의 유아와 엄마의 관계적 관점이 우리에게 주는 의미는 한 존재의 정신적 건강은 그 아이가 출생할 때부터도 중요하지만 첫 생명이 탄생하는 그 시점의 여러 맥락 또한 결코 간과해서는 안 됨을 의미한다. 즉, 우리가 아이를 양육하고 정서적 지원을 할 때 우리가 어떠한 생각과 정서로 아이를 돌보고 지원하는지 아이들도 엄마의 의도를 알게 되며 성장하는 데 막대한 영향을 끼치게 됨을 의미한다.

Special tip 유아에 대한 새로운 지식

* 유아들이 아무것도 할 수 없고 느끼지 못한다는 생각보다 유아들도 많은 것을 느끼고 있고 내가 제공하는 사랑에 대해 판단하고 있다는 것을 알고 있어야 합니다.

* 유아를 바라볼 때 어떤 생각과 마음의 눈으로 응시하나요? 부모님이 긍정적인 생각의 눈으로 유아를 응시하면 유아는 자신에 대한 긍정적인 감정과 인식을 하게 될 것이고 부정적이고 비판 어린 눈빛으로 유아를 응시하면 부정적인 감정과 인식을 할 것입니다.

* 유아가 울음을 보이고 슬퍼할 때 우리는 그 모습에 대해 유아 입장에서 헤아려 보고 이해하려는 마음이 필요합니다. 유아가 울고 슬퍼하는 것은 유아들의 다양한 욕구를 표현하는 것이기 때문입니다.

Self Check 우리 아이가 태어났던 순간 기억하기

부모님께서 아이가 태어나던 날과 요일, 시간, 그날의 특성을 말해준 적이 있나요? 먼 훗 날에 아이들이 자신의 탄생에 대한 이야기를 읽어 봄으로써 자신의 소중함과 부모님에 대한 감사함을 느낄 수 있습니다. 이제는 여러분이 아이들이 태어났던 순간을 기억해 보고 한 생명의 가치와 소중함을 인식해 보세요.

✐ 아이의 존재를 확인하던 날의 생각과 감정을 기록해 보세요.

	태어난 날	아이의 모습에 대한 느낌	특징
첫째			
둘째			
셋째			
넷째			

✏ 아이의 이름에 대한 의미도 기록해 보세요.

	작명 시기	이름의 의미	작명한 사람
첫째			
둘째			
셋째			
넷째			

기억의 흔적

대상관계이론이 언급하는 아동 발달의 중요성은 0세부터 2세까지 부모와 안정되고 긍정적인 심리 정서적 지지를 받았느냐가 중요한 관건이다. 필자가 대상관계이론 관련 강의를 하거나 교육하면 일부 청중들은 아주 예리한 질문을 한다. '그럼, 강사님. 아이가 0세부터 2세 시기 엄마의 돌봄을 기억하나요? 아이들의 두뇌가 초기 어린 시절 기억을 기억할 정도로 발달했는지요?'

사실 부모 입장에서는 이와 같은 질문을 할 만도 하다. 우리가 알고 있는 인간의 뇌 발달은 하루아침에 발달이 성취되는 것이 아니라 아주 단계적인 과정과 기나긴 부모님의 돌봄이 제공될 때 균형적인 발달을 이룩하기 때문이다.

- 삼위일체의 뇌 이론과 파충류의 뇌

저명한 뇌과학자인 폴 맥린Paul Donald MacLean, 1913~2007이 언급한 삼위일체 뇌 이론(Triune Brain)을 통해 설명해 보겠다. 폴 맥린에 의하면 인간의 뇌는 크게 파충류의 뇌로 언급되는 뇌간(Brain stem), 포유류의 뇌로 언급되는 변연계(Limbic system), 그리고 인간의 뇌로 정의되는 대뇌피질(Neocortex)로 분류된다. 폴 맥린은 인간의 뇌를 하등 포유류와 파충류의 흔적이 남아 있는 계통 발생체계로 범주화 하였다(MacLean, 1985). 이들 3개의 뇌는 각각 다른 정신의 역할을 담당한다.

먼저 두뇌의 발달은 뇌간의 파충류의 뇌부터 발달한다. 초기의 뇌인 파충류의 뇌는 뇌간이라는 중요한 기관이 있으며 이 뇌간은 아이가 처음 태어날 때부터 발달하였다. 뇌간은 원시적이고, 주요 기능으로서 호흡, 삼키기, 심장박동 유지, 체온, 균형 등 사람의 생존에 기본이 되는 기능을 담당하게 된다. 우리들이 TV를 통해 볼 수 있는 뱀이나 악어와 같은 파충류들은 먹고 마시고 호흡 및 배설하는 생명을 유지하는 가장 근원적인 기능을 보일 수 있으나 다른 동물이나 인간처럼 다양한 감정을 표현하고 감정을 기억하는 능력과 기능은 갖고 있지 않다. 야생에서 파충류들의 삶의 패턴은 한 번 먹이를 먹고 나면 오랜 시간 동안 잠을 자거나 행동하지 않는 모습을 보이는데 이러한 파충류의 행동 패턴 모습이 흡사 유아의 발달 시기의 모습과 흡사하다는 것이다. 즉, 아이가 막 태어났을 때 아이는 다른 성인처럼 행동하거나 작동하지 않고 파충류의 뇌인 뇌간만이 작동하기 때문에 신생아들은 전반적으로 원시적인 수준의 기능을 하는 것이다. 갓 태어난 아이는 엄마가 제공하는 모유를 먹으며 충분히 먹으면 잠을 자고 잠을 잔 뒤에 다시 일어나서 주위를 응시하고 다시 소화된 뒤 배설하는 유아들의 단순한 모습이 뱀과 같은 파충류의 삶의 패턴과 흡사하다.

- 포유류의 뇌, 변연계와 편도체

유아기의 기억과 관련된 부위는 변연계의 편도체(Amygdala)와 관련이 된다. 이 변연계를 포유류의 뇌라 폴 맥린 박사는 정의하였는데 포유류의 뇌에서 인간의 발달과 중요한 부분은 편도체와 해마 부위이다. 편도체는 우리 몸에서 화재경보기와 같은 기능을 담당한다. 편도체는 보통 임신 8개월에 완성되며 아이는 이미 출생 전부터 일정한 자극과 공포반응을 파악할 수 있음을 시사한다.

우리가 다큐멘터리를 보면 대개 임팔라와 같은 초식 동물들의 새끼는 태어나자마자 걸을 수 있으며 몇 시간 뒤에는 잘 달릴 수 있게 된다. 만약에 임팔라와 사슴과 같은 초식동물들이 태어나자마자 움직임이 둔하거나 이동에 어려움이 있다면 대다수의 임팔라 새끼는 맹수들의 먹잇감이 되어 아마도 멸종이 될 것이다. 인간도 마찬가지이다. 가장 기본적인 기능인 편도체의 공포에 대한 알람 기능이 아주 이른 시기에 발전함으로써 기본적인 생과 사를 오가는 상황에서 효율적으로 대처하는 데 도움이 되는 것이다.

- 부모의 뇌와 아이의 뇌

유아들도 마찬가지이다. 가장 먼저 공포에 지각하는 편도체가 발달하며 반면에 다양한 공포의 감정을 조절하며 고등인지기능에 관여하는 전두엽은 20세 이후에나 성숙해지기 때문에 유아들은 특정한 사건이 발생하면 감정적으로 표현하고 선택하게 된다. 내가 상담을 하던 한 아이의 경우 상담실에 함께 가기로 한 아버지가 10분 늦게 도착하는 것을 보고 "아빠는 매번 그렇게 늦게 도착해?" 하며 상담실에서 크게 소리를 지르는 것이었다. 이때 그 내담자의 모습을 지켜보던 엄마는 "우리 민호, 아버지가 늦게 온 것에 대해 섭섭하구나! 민호는 아버지와 함께 있고 싶은데 그게 안 되어서 화가 나는 것이고, 근데 아버지가 늦게 온 것은 주말이라 차가 많이 막혀서 그래. 도로가 막히면 빨리 오기가 쉽지 않아, 이해해 줄 수 있겠니?"라고 말을 하였다.

그런데 어머니의 말을 들은 아이는 침착해지는 것이 아닌가?

이 광경을 보던 나는 그 어머니의 아이를 대하는 태도에서 건강한 어머니의 좋은 모델을 엿볼 수 있었다. 이 모습에서 어머니의 사고의 뇌인 전두엽이 아이의 본능의 뇌인 변연계 편도체의 활성화된 감정적 자세를 읽어 주며 공감해 주었다. 즉, 진정시켜 주는 어머니의 태도를 아이가 느낄 수 있었기 때문에 아이도 어머니의 그 차분함 속에 자신의 감정이 동요되는 것을 멈출 수 있었다. 그렇게 공감을 받은 아이는 아버지가 늦게 된 이유를 이해하게 되며 차분한 감정을 갖게 된 것이다.

- 해마와 몸의 기억

해마는 뇌의 양옆에 피질과 변연계가 마주하는 지점에 있다.

편도체와 달리 해마는 늦게 발달을 시작하며 후기 청소년기쯤에 그 발달이 마무리된다. 해마는 학습 및 기억과 관련된 기능을 하게 된다. 유아기 시절에는 해마 부위보다는 편도체 부위가 먼저 발달하게 된다. 편도체의 발달이 먼저 이뤄진다는 특징은 유아는 그들의 생애 초기 시절 기억을 그 기억과 관련된 정서를 몸이 기억한다는 것이다. 이 기억을 암묵적 기억이라고 한다. 암묵적 기억은 평상시에는 인식하기 어려우며 우리의 몸에 정서적 기억으로 남게 된다.

이 시기의 기억은 그때 몸으로 기억하게 된 정서와 유사한 정서를 청소년기나 성인기에 경험하게 되면 몸으로 반응을 보이게 된다. 예를 들어 과거에 상담했던 한 청년의 경우 상담 과정 중 아버지 이야기를 하게 되면 몸이 위축되는 것을 볼 수 있었다. 그러한 이유에는 내담자의 친아버지와 어머니가 내담자가 초5 때 이혼한 것이 주요 원인이었다. 당시 이혼 사유로 친아버지가 어머니와 내담자에게 신체적으로 폭력 행동을 하였고 온갖 폭언을 했었다. 어린 시절부터 빈번한 아버지로부터의 학대 경험을 몸이 기억해서 그 기억의 잔재를 그 내담자는 몸을 통해 보였다.

- 나에 대한 이해

현재 부모님도 부모가 되기 전에는 한 아이로서 부모님에게 양육을 받았으며 아름다운 추억을 부모님과 만들며 지내던 시기가 있었을 것이다. 어린 시절부터 부모님과 어떠한 관계 경험을 가졌었는지를 점검할 때 지금 아이 양육에서 어려운 지점과 내가 잘하는 지점을 잘 파악하고 부족한 부분은 보완할 수 있을 것이다. 이 점검이 필요한 배경에는 부모인 우리가 유아들의 심리 정서적 욕구를 완벽하게 반영해 주는 것이 쉽지 않기 때문이다.

세상에 완벽한 부모가 없듯이 우리의 부모님들도 결코 완벽하지 못하기에 때로는 의도치 않게 실수했을 것이다. 다음 두 가지 Self Check를 통해 우리의 부모님과 가족 관계에서 유아기 경험을 탐색해 보자. 지금 아이들에게 나오는 우리의 행동과 태도를 이해하게 될 것이다.

Special tip 유아 뇌의 특성

* 유아·아동 및 청소년들은 전두엽이 미완성 상태이고 반면에 공포 등의 감정에 지각하는 편도체가 과잉 활성화되어 있습니다. 그러므로 다양한 자극에 대해 감정 중심으로 반응을 보이게 되는 특성을 이해해야 합니다.

* 이 시기의 특성을 이해하고 유아 입장에서 반응을 보이는 것을 알아주고 이해하려는 노력을 보이게 되면 성장을 하면서 유아들은 부모님의 말씀을 들을 수 있는 여유 공간이 생기게 됩니다.

Self Check 어머니와 아버지 회상해보기

성장기에 함께 한 부모님에 대해 기록하는 작업을 통해서 우리는 부모님의 장단점을 파악하고 더욱 객관적인 부모님에 대한 시야를 갖게 될 수 있다. 노트북이나 종이에 제일 먼저 떠오르는 단어를 적어보고, 문장에서 느껴지는 감정도 기록해 보세요. 첫 번째 부분은 전반적인 부모님에 대한 인상이나 성격적 특징 등을 두 번째 부분은 좋지 않은 점, 세 번째 부분은 좋은 점 등을 기록해 보세요.

✐ 나의 어머니를 표현해 보자. 어머니는 어떤 사람이었는가? 어머니에 대한 감정과 기억을 기록해 보세요.

문장 완성	느껴지는 감정
내 기억 속에 어머니는 (　　　　　)하였다.	
나는 어머니의 (　　　　　)점을 싫어한다.	
나의 어머니의 장점은 (　　　　　)이다.	

✐ 나의 아버지를 표현해 보자. 아버지에 대한 감정과 기억을 기록해 보세요.

문장 완성	느껴지는 감정
내 기억 속에 아버지는 (　　　　　)하다.	
나는 아버지의 (　　　　　)점을 싫어한다.	
나의 아버지의 장점은 (　　　　　)이다.	

Self Check 부정적인 아동기 경험

우리는 유아기를 시작으로 아동기와 청소년기를 거쳐서 성인이 되었다. 그 시간 동안 다양한 부모님과의 관계 경험을 하게 된다. 그 관계 경험의 질적 수준과 내용에 의해 오늘의 나로 성장할 수 있었다. 그렇다면 나의 과거는 어떠했는지, 나의 과거 부모님과 가족 간의 관계 경험은 어떠한지 살펴보려고 한다. 이 작업을 통해 내가 어느 요인으로 현재 힘들어하는지 점검하는 데 도움이 될 것이다.

다음 설문지는 아동기 부정적 경험(Adverse Childhood Experiences: ACE) 관련 내용이다. 여러분이 만 18세가 되기 전, 아래 ACE 설문지 10개 문항의 경험을 하였다면 문항의 옆에 체크한다. 체크한 문항의 개수를 합한 후 총개수를 기록한다.[3]

예를 들어 부모에게 욕설을 듣고 부모 등 가족 어른이 여러분에게 무엇을 던진 적이 있으면 각각 1번과 2번에 체크를 하면 된다. 체크한 사항이 많을수록 아동기 시절에 부정 경험이 많음을 의미하며 문제의 불편함이나 심각성에 따라서 상담을 통한 도움이 필요할 수 있다.

---

3) 출처: 「멍든 아동기, 평생을 결정한다.」 도나잭슨 나카나와 저. 박다솜 역 (2020). 모멘토. **재인용**

번호	문항 내용	체크
1	부모나 다른 어른이 당신을 향해 욕설하거나 모욕 및 조롱을 한 적이 있나요?	
2	부모나 집안의 다른 어른이 자주 또는 당신을 밀치거나 움켜잡거나 손찌검하거나 무엇을 던진 적이 있나요?	
3	어른이나 당신보다 5살 이상 나이 많은 사람이 당신에게 손을 대거나 한 번이라도 성적인 방식으로 자기 몸을 만지게 강요한 적이 있나요?	
4	당신은 가족 중 아무도 당신을 사랑하지 않거나 당신을 중요하지 않게 특별하지 않은 사람으로 생각하지 않는다고 느꼈나요?	
5	당신은 먹을 것이 충분하지 않거나 더러운 옷을 입거나 당신을 보호해 줄 사람이 없거나 부모가 술과 마약에 의존해서 당신을 보살피지 못한다 느꼈나요?	
6	당신의 부모는 별거하거나 이혼했나요?	
7	누가 당신의 어머니 또는 양어머니를 자주 또는 매일 밀치거나 움켜잡고 손찌검하거나 무엇인가를 그분에게 집어던졌나요? 또는 자주 매우 자주 발길질하거나 주먹으로 위협과 총이나 칼로 위협한 적이 있나요?	
8	당신은 술 문제를 일으키거나 알코올 중독인 사람 또는 마약을 하는 사람과 함께 살았나요?	
9	가족 구성원 중에 우울증이나 정신 질환에 걸렸거나 자살을 시도한 사람이 있나요?	
10	가족 구성원 중에 감옥에 간 사람이 있나요?	
	총합계	

Self Check 어린 시절의 나에게 쓰는 편지

어린 시절의 힘들었던 기억이 있나요? 그 힘든 요인이 가족이나 부모님으로부터 상처받았던 경험이라면 그 영향력은 더 파급적이기 때문에 현재 아이를 양육하거나 키울 때도 문득 떠올라서 부정적인 영향을 끼칠 수 있습니다.

✐ 예시를 참고해 표 안에 힘들었던 경험을 기록해 보고 그 경험으로 인해 느끼는 감정을 알아봅니다.

(예시)

주요 시기	힘들었던 경험	감정
아동기	부모님이 성격이나 가치관의 차이로 싸우는 모습이 기억이 났다.	부모님이 이혼할 것 같은 불안감과 우울 감정이 느껴졌다.
청소년기	한 살 아래의 여동생이 전교 1등을 하는 일이 있었고 부모님은 여동생의 성적과 나의 성적을 비교하는 일이 있었다.	여동생과 비교해서 성적이 낮은 것에 열등감과 수치심을 경험했다.

✐ 다음 표에 기록해 보세요.

주요 시기	힘들었던 경험	감정

충분히 좋은 엄마

부모님의 입장과 역할을 이해한다는 것은 본인이 부모님이 되어봐야 그 입장과 역할을 실제로 깨닫게 된다. 실제 동생들이나 지인들도 자신이 부모가 되니까 부모님의 마음과 심정이 이해된다는 말을 우리는 듣곤 한다. 그렇다면 좋은 부모님은 어떠한 기준과 정도로 유아를 양육해야 할까?

- 좋은 엄마의 정의

엄마는 유아에게 첫 번째로 심리·정서적 사랑을 제공하는 존재로서 어떠한 심리 정서적 기능으로 아이들과 동행해야 하는가? 이에 대한 해답을 주거나 완벽한 부모의 기준을 제시한다는 것은 심리학자에게도 어려운 일이다. 다만 일부 대상관계 이론가들의 경우도 부모들이 유아의 욕구에 100% 만족해 주는 것도 바람직하지 않음을 설명하고 있다. 유아의 성장에도 일부의 좌절 경험은 필요하며, 현실 대상관계에서 좌절의 경험을 통해서 자신의 한계와 이른바 현실의 원리를 터득할 수 있기 때문이다.

특히 유아기의 주 양육자는 아이 양육으로 인해 밥을 제대로 먹을 시간도, 휴식을 취할 시간도 너무나 부족하다. 그렇기 때문에 일부의 양육자들은 숨 쉴 틈 없는 힘든 일상으로 육아 우울증을 호소하는 일이 늘어나고 있다.

육아 우울증은 반복되는 일상과 육아로 인해 양육자의 몸이 빈번한 피로감을 경험하고 지속된 스트레스가 누적되면서 이로 인한 압박을 느끼고 종국에는 소진을 경험하는 증상을 말한다. 그렇기 때문에 가정 내에서는 가족 구성원과 함께 아이를 양육하고 사회적으로는 아이를 낳은 부부들이 더욱 안정감 있게 아이 양육에 전념할 수 있도록 경제적, 제도적 지원이 필요한 시점이다.

- 반대로 나쁜 엄마

어떤 엄마가 나쁜 엄마일까? 막연히 유아를 양육하는 엄마들의 모습과 고민을 들으면 문득 자신이 나쁜 엄마가 아니냐는 질문을 나에게 한다. 이 질문에 대한 답은 다양하겠지만 유아가 감당하기에 상처가 되는 박탈과 결핍을 제공하는 엄마들은 일반적으로 바람직한 엄마로서 제시되지는 않을 것이다. 또한 아빠나 엄마 두 양육자가 미숙하여 부모가 부모 중심적으로 유아를 양육한다던가 부모가 정신질환을 앓고 있는 경우에는 온전히 아이를 돌보고 충분한 사랑을 주는 것은 쉽지 않다. 이 대목에서 우리가 알 수 있는 것은 부모의 정신건강의 중요성이다.

즉, 유아의 안정된 성격과 긍정적인 자아상, 그리고 견고한 자존감을 느끼게 되는 배경에는 충분한 부모와의 긍정적 관계 경험을 통해 형성된다. 즉, 부모가 안정되고 자신에 대한 긍정적인 자아상을 갖고 있을 때 유아 역시 안정된 성장이 가능하기 때문이다. 그렇기 때문에 부모로서 한 개인으로서 나에 대한 자아상과 과거의 부모 관계 경험은 어떠했는지에 대한 이해와 인식 또한 필요하다. 유아가 성장할수록 부모와의 갈등이 빈번해지기 때문에 자주 부딪히는 문제를 아이의 특성과 기질로만 본다면 문제를 해결하는 것은 쉽지 않게 된다.

- 충분히 좋은 엄마

도널드 위니캇Donald Winnicott, 1896~1971은 '충분히 좋은 엄마(A Good Enough Mother)'라는 개념으로 우리에게 시사점을 전달해 준다. 이 개념은 세상에 어떤 엄마도 유아의 모든 욕구를 충족시킬 수는 없으며 유아의 모든 욕구를 충족시키는 것이 바람직하지 않다는 것을 설명한다.

예를 들어 유리컵에 물을 넣는다고 가정해 보자. 그 유리컵에 물을 어느 정도 채워야 물을 먹을 수 있다. 그렇지만 물이 넘치게 되면 우리는 물을 먹을 때 불편함을 경험하게 된다. 부모의 아이에 대한 사랑 또한 이와 유사하다. 마치 컵에 물이 일정한 양이 채워져야 아이가 먹을 수 있듯이 넘치는 부모님의 사랑은 오히려 아이의 성장을 지체하게 만들기 때문이다.

하인즈 코헛Heinz Kohut, 1923~1981의 '점진적인 좌절'이란 개념은 아이들이 감당할 수준의 좌절을 주는 것이 필요하다는 개념이다.

유아에서 아동기로 접어드는 성장의 지점에서 자신이 어머니와 독립된 존재라는 사실을 하나하나 알게 되는 과정에서 일종의 좌절 경험은 필요하다는 것이다. 중요한 것은 아이가 성장하면서 엄마는 아이에게 점진적인 좌절을 제공하는 역할을 해야 한다. 점진적인 좌절의 경우, 아이들이 어떤 바람직하지 못한 행동을 하게 될 경우 그 행동을 무작정 하지 말라고 말하기보다는 하지 말아야 하는 이유를 덧붙여서 설명하는 것이 그 예가 될 수 있다. 마치 컵에 물이 많아도 넘치듯이 부모님의 아이에 대한 사랑도 너무 과하면 오히려 성장해서도 부모님에게 과잉 의존하게 될 것이다.

아이가 두 다리로 서는 일이 가능해지면 아이는 자신이 걸을 수 있다는 사실에 마치 자신이 모든 것을 할 수 있다는 생각을 갖게 된다. 그리고 아이는 엄마의 곁을 떠나서 이곳저곳을 탐색하고 시간을 소비하느라 정신이 없다. 그러나 일정 시점이 되면 아이도 지치고 다시 엄마의 품으로 돌아온다. 이때 엄마가 다시 돌아오는 아이를 반겨주고 아이가 엄마의 곁을 떠나갈 때 바깥세상을 향한 탐색을 적절히 허용할 줄 아는 경우 '충분히 좋은 엄마'의 예일 것이다.

배변 훈련을 할 경우에도 아이의 입장과 발달 상황을 고려해서 배변 훈련을 행해야 한다. 예를 들어 아이의 배변 훈련이 다른 아이들보다 늦다는 것을 인지한 엄마는 엄격하게 훈련을 시킨다면 '충분히 좋은 엄마'의 모습은 아닐 것이다. 즉, '충분히 좋은 엄마'는 100% 완벽한 엄마의 역할은 하지 못해도 아이의 입장과 상황을 고려한 공감적인 개입을 할 경우 그 모습 속에서의 엄마의 진심은 아이에게 전달이 될 것이다.

담아내고 견디어 주기

사람과 사람이 서로 사랑하고 연인으로 발전하기까지 그 과정에는 여러 심리 정서적 과정들이 교차하기 마련이다. 사람과 사람 간의 관계 형성 과정 중에 '밀당(밀고 당기기)'이라는 표현이 있는데 관계 형성 중의 밀고 당기기의 과정을 거쳐서 한 사람은 다른 사람의 장단점과 아픔도 이해하게 된다. 이 과정은 엄마와 아이의 관계에도 적용이 될 것이다. 즉, 평균의 부모와 자녀의 관계에도 서로가 원하는 욕구와 마음을 읽어 주고 이를 공감해 줄 때 관계가 형성되기 때문이다. 아이가 울면 우는 이유를 엄마는 아이의 입장에서 생각해 보면 그 의도를 이해하고 아이의 욕구를 반영해 주는 행동을 하게 되듯이 말이다.

- 상담실에서 담아내기

위기 청소년 상담을 개입하면 때로는 상담사의 이해 틀을 넘어서 내담자로부터 압도하는 이야기를 들을 때가 있다. 압도하는 이야기에는 드라마에서나 들을 수 있던 청소년들의 가족사라던가 개인사가 해당된다. 이러한 심각한 문제를 경험하는 청소년을 상담하면 내담자가 상담자인 나를 과거에 중요한 대상으로 여기는 관계 경험을 보인다. 이와 같은 관계 경험을 상담에서는 '전이(Transference)'라 한다. 한 내담자 청소년은 상담자인 나를 자신의 아버지처럼 느낀다고 고백한 적이 있다. 그 청소년이 느낀 감정이 일종의 '전이(Transference)'이다.

결국 상담과 치료의 핵심은 다양한 내담자의 압도되는 이야기 속에서 상담사가 그 이야기를 잘 들어 주고 공감 어린 반응을 제공할 수 있는지이다. 이러한 상담자의 자세에 대해 윌프레드 비온[Wilfred Ruprecht Bion, 1897~1979]이라는 학자의 '담아내기(Containing)'라는 개념을 통해 이해할 수 있다. 윌프레드 비온에 의하면 상담사는 내담자의 불안정한 언행에 대해 상담자가 이를 반영해 주고 이해하는 태도의 모습으로 내담자에게 돌려줄 때 내담자의 불안과 상처가 이완될 수 있음을 설명하였다. 윌프레드 비온의 담아내기 개념은 오늘날을 살아가는 엄마와 유아의 관계에도 적용이 될 수 있다.

예를 들어 엄마와 잠시 헤어지는 유아는 엄마와 떨어지는 것에 대해 불안해하는 모습을 보일 것이다. 유아들에 따라 차이가 있겠지만 엄마와 분리가 될 때 느끼는 불안의 수준은 높은 수준의 스트레스로 인지하게 된다. 비록 잠시 헤어졌지만, 엄마가 돌아왔을 때 아이의 눈물 흘리는 정서와 마음을 '우리 ○○, 내가 나간 사이 너무 힘들었구나!' 하며 반응을 해주는 것이 담아내기의 예가 될 것이다. 즉, 엄마는 아이가 신체적으로 심리적으로 보이는 불편한 감정 반응에 대해 진심으로 안아주고 공감할 때 이전의 불안감은 이완이 되고 다시 평온의 상태로 되돌아오게 된다. 이렇게 아이들은 엄마의 세심한 배려와 관심 속에서 긍정적인 발달과 성장을 하게 되는 것이다.

- 안아주기와 사랑을 한다는 것

신체적·심리적으로 엄마로부터 절대적 의존이 필요한 유아들은 조그마한 스트레스와 자신의 욕구가 제대로 반영되지 않을 경우 온몸을 통해 짜증을 부리거나 찡그리고 울며 표현을 할 수 있다. 이러한 상황에서 엄마가 유아의 태도와 모습에 대해 반영해 주고 이해해 주는 마음의 말 그리고 신체적으로 안아주기를 하게 된다면 유아들은 이전보다 안정된 모습을 보일 것이다. 이와 같은 엄마와 높고 낮음의 반복되는 스트레스와 불안에 대해 공감되고 담아내는 경험이 누적될수록 유아는 회복탄력성과 같은 능력을 갖추게 된다. 그리고 훗날 경험하게 될 다양한 역경을 대처하는 데에도 탄력적으로 대처하는 모습을 보이게 된다.

부모님의 유아에 대한 안아 주는 행위와 그러한 능력을 갖추었다는 것은 유아 입장에서는 큰 행운을 가진 것이 아닐 수 없다. 실제로 부모가 유아를 진심으로 안아주는 행위는 유아가 전인적으로 건강하게 성장하는 데 아주 중요한 기여를 하게 된다. 실례로 포옹은 유아의 심리적인 부분뿐만 아니라 생리적인 상태에도 긍정적인 영향을 준다. 부모가 유아를 안아주고 포옹하고 유아의 입장을 이해한 반응을 보일 때 유아의 성장을 촉진하는 성장호르몬이나 신경 성장 인자와 면역력을 높이는 물질이 분비된다. 이외에도 유아의 마음을 이완시키는 데 기여하는 옥시토신과 같은 신경전달물질도 분비된다.

우리가 아는 속담 및 격언에서 사랑을 받아 본 사람이 또한 사랑을 할 줄 안다는 말이 있다. 이 격언은 유아와 엄마 관계에서도 적용이 된다. 중요한 것은 엄마와 유아의 관계에서 엄마가 비록 실수할지라도 유아의 입장과 상황을 잘 이해하려는 자세로 다가가는 진정성이 중요한 것이다. 엄마의 실수 경험은 비록 유아에게는 스트레스일 수 있지만 세상이라는 곳이 유아 자신의 모든 욕구를 충족시키지 못한다는 현실 원리를 배우는 경험으로 작용하기 때문이다.

– 담아내기와 재도전하게 하는 힘

오늘날 우리가 흔히 볼 수 있는 아동 및 청소년들의 다양한 중독의 현상과 심리·정서적 문제의 핵심에는 자기조절 능력의 결핍에 있다. 자기조절 능력은 엄마의 지속적이고 안정적인 돌봄 경험이 생애 초기에 중요하다고 보고 있다. 즉, 비록 엄마와 관계에서 엄마의 부재 등으로 잠시 유아의 욕구가 좌절될 때 그 순간은 높은 수준의 스트레스로 각인된다. 그러나 잠시 후에 엄마가 돌아와서 칭얼거리는 유아의 욕구와 정서를 반영해 주고 이해해 줄 때 유아는 회복의 경험을 하게 된다. 이 과정에서 자기조절능력은 부수적으로 갖게 된다. 이처럼 필연적으로 반복되는 욕구의 좌절과 회복 경험이 반복될수록 유아들은 엄마가 부재한 상황 속에서도 엄마의 부재함을 넉넉히 달래고 자신을 위로할 '힘'을 갖게 된다. 홀로 유아들이 자신의 놀잇감을 갖고 놀이하거나 자신이 원하는 활동에 전념하는 모습들이 '힘'의 예가 될 수 있다. 이를 두고 하인즈 코헛은 변형적 내면화(Transmuting Internalization)라 정의하였다.

쉽게 말해서 '변형적 내면화'는 엄마의 긍정적인 정서적 순간들을 하나의 좋은 음식으로 유아들이 섭취해서 자신을 보호해 주고 지지해 주는 부분으로 갖추게 되는 것이다. 예를 들어 사람과 사람이 서로 사랑을 하게 되면 서로의 마음속에 사랑하는 사람의 모습과 정서적 색채가 존재하게 된다. 즉, 내 안에 '너' 있다는 말처럼 엄마의 긍정적인 성격과 정서적 색채를 유아들의 내면에 갖게 됨으로써 힘이 든 순간에 자신을 격려하거나 위로하는 내적 수단이 된다. 내 경우를 설명하자면 어떠한 시험이나 자격증 결과가 좋지 않으면 비록 처음에는 좌절하지만, 중요한 사람들이 나를 지지해 주던 말이라던가 나를 상담해 주던 상담사가 나에게 건넨 격려 어린 말 하나하나가 다시 한번 재시도하는 원동력으로 작용하는 것도 그 예이다. 비록 좌절을 경험해도 '변형적 내면화'가 갖추어진 사람들은 그 좌절의 순간에 자기를 조절하는 내적인 힘을 갖고 있으며 결국 좌절을 경험해도 다시 시도하게 된다.

24개월의 진실과 가치

사람과 동물 간의 차이점은 여러 면에서 나누어질 것이다. 그 중 가장 확연하게 드러나는 부분은 인간의 경우 직립보행(直立步行)이 가능하다는 것이다. 인간은 대뇌피질과 전두엽을 비롯한 고등인지기능을 다른 포유류보다 더 많이 갖추고 있기에 이 지구를 지배하고 통제하는 힘을 갖게 되었다. 직립보행이 용이해지는 1세 시기에 유아는 이제는 다른 사람들처럼 두 발을 딛고 일어서서 더 높은 곳을 응시할 수 있다는 사실을 깨닫게 된다. 그리고 세상을 정복한 정복자처럼 모든 것을 할 수 있다는 황홀한 자기애의 순간에 빠지게 된다고 본다. 비로소 유아는 세상 속에 자기 주도적인 능력을 갖추게 됨을 의미하며 마치 세상 속으로 탐험가처럼 한 발 내딛는 힘을 갖게 됨을 내포한다.

- 1세의 직립보행의 의미

1살 시기의 직립보행(直立步行)이 가능한 것이 물론 발달적으로 완벽한 성취는 아닐 것이다. 대부분 유아는 일어서다가 다시 넘어지는 실패와 성공의 순간을 재차 반복해서 경험하는 데 이는 유아가 자신의 한계 또한 명확하게 깨닫게 되는 순간이다. 넘어지고 다시 일어섬의 반복된 과정은 우리 성인들이 자신의 과업을 수행하는 것에 성공과 실패의 모습과도 흡사하다. 일어서고 넘어지는 과정은 유아가 엄마의 품을 벗어나서 자신만의 개성을 갖추어 가는 분리(Separation)와 개별화(Individualization)의 과정에 진입하게 됨을 의미한다.

자신이 일어서서 세상을 향해 나갈 수 있게 된 것에 대해서 엄마로부터 분리의 첫 시도가 될 것이며, 분리가 성취되면 자신과 엄마가 뚜렷이 전혀 다른 객체임을 인지하게 됨에 따라 자신만의 자기개념과 개별화 과정을 성취하게 된다. 그런데 이와 같은 분리와 개별화 과정은 유아 스스로 성취하는 것이 아닌 유아가 세상을 향해 나가고 돌아올 때 엄마가 마치 안전기지처럼 역할을 해 주어야 가능한 일이다. 만약에 엄마가 안전기지의 역할을 제대로 해주지 못할 경우 유아는 분리불안을 경험할 가능성이 높으며 유아가 성인이 되어서 부모님으로부터 독립할 때 독립에 어려움을 보이게 될 가능성이 크다.

- **대상 항상성**(Object constancy)

1세 시기를 지나게 되면 유아는 이제 엄마가 곁을 떠나서 있어도 잠시 자신의 곁을 떠난 것일 뿐 엄마가 다시 돌아올 것을 신뢰하며 자신의 생활에 집중할 수 있다. 이를 두고 마가렛 말러 Margaret Mahler, 1897~1985는 '대상 항상성(Object constancy)'이라는 개념을 고안하였다. 대상에서 '대상'이란 일반적으로 '사람'을 의미한다. 대상 항상성은 대상(사람)이 눈에 보이지 않아도 그 대상(사람)과의 충분한 정서적 교류 경험이 축적되어 있다면 그 대상(사람)이 하나의 상(이미지)으로 유아의 내면에 존재하게 되는 것을 의미한다. 대상 항상성을 성취한 유아들은 일관적으로 엄마를 대하게 된다. 또한 엄마가 잠시 부재해도 엄마에 대해 안정된 이미지를 간직할 수 있는 능력을 의미한다. 즉, 엄마와 잠시 떨어져 있어도 그렇지 않은 유아보다 높은 수준의 불안과 공포를 느끼지 않고 충분히 자신이 좋아하는 것에 집중할 수 있는 모습으로 나타난다.

예를 들면 우리나라는 남자들의 경우 일반적으로 군대를 일정 시기가 되면 다녀와야 한다. 남자들이 병역의 의무를 다할 때 부모님과의 일정한 대상 항상성이 성취된 경우 군대 생활을 하는데 큰 어려움은 해결된 셈이다. 이러한 남성들의 경우 부모의 일관된 이미지와 부모와 함께했던 긍정적인 추억들이 하나의 자산이 되어 군대에서 힘들거나 외로움 등의 정서를 효율적으로 다룰 수 있게 된다.

반면에 대상 항상성을 성취하지 못한 남성들의 경우 안정된 부모님의 관계 경험이 빈약함으로 인해 군 생활에 적응하는 것에 어려움을 경험할 수 있다. 또한 남녀가 사랑을 하게 되는 경우 개인적인 사정으로 인해 장기간 연락이 안 되거나 보지 못하게 될 때 대상 항상성을 제대로 성취한 성인은 부재의 기간을 잘 견디어 낼 수 있다.

- 홀로 있을 수 있는 능력

이 지점에서 대상 항상성과 함께 성취되는 능력은 도널드 위니캇이 언급한 '홀로 있을 수 있는 능력'을 갖게 되는 것이다. 홀로 있을 수 있는 능력은 엄마와의 지속적인 긍정적 관계 경험을 충분히 해야 하며 이 경험들이 유아들의 내면에 차곡차곡 쌓여서 엄마가 잠시 없이도 혼자서 생활하고 즐기는 모습을 보이게 된다. 즉, 홀로 있을 수 있는 능력은 한 개인이 타인에게 의지하지 않고도 일상을 영위할 수 있는지의 척도이자 얼마나 자기 자신과 스스로 잘 지낼 수 있는지를 알려주는 단면이기도 하다.

홀로 있을 수 있는 능력과 관련된 나의 경험을 돌이켜보면 대학교에 다닐 때 유독 점심 식사를 혼자서 하는 것을 싫어하는 친구들을 종종 보곤 하였다. 친구들의 행동을 문제화해서 볼 필요는 없겠으나 이들 중 일부는 유난히 혼자 지내는 것을 싫어하고 다른 사람과 함께 하기 위해 전화 연락을 하는 모습을 볼 수 있었다. 이러한 경향성이 심해지면 타인에 대해 과잉 의지하려는 대인관계의 패턴으로 드러날 수 있다.

- 부모로서 나

부모로서 우리는 대상 항상성을 성취했는지 점검을 해보는 것도 필요하다. 남편이나 아이가 부재하거나 보지 못하는 우발적인 상황이 발생해도 시간을 넉넉히 나의 생활에 집중하며 견디어 낼 수 있는지? 만약에 그렇지 않다면 중요한 사람이 부재한 시간 동안 견디어 내고 기다리는 것에 불편함과 불안을 경험할 것이며 심해질 경우 타인에 대한 의존으로 이어질 수 있게 된다.

놀이할 줄 안다는 것의 의미

도널드 위니캇에 의하면 유아에게 엄마의 젖가슴은 태어났을 당시 놀이터로서 기능을 한다고 설명하였다. 유아가 엄마와 혼연일체로 존재하는 동안은 엄마의 젖가슴에서 나오는 모유 수유 경험은 유아의 생리적 욕구를 충족시켜 주는 장소이기 때문이다. 도널드 위니캇은 젖가슴에서 나오는 모유가 자신이 원하는 만큼 나오고 그 젖가슴을 만지고 엄마가 유아를 안아주는 경험 자체가 유아로서는 자신이 한 존재로서 살아있음을 체험하는 순간이라고 설명하였다.

반대로 엄마가 충분히 안아주지도 않고 모유 수유를 제대로 제공하지 않는다면 그 유아는 처음 태어날 때부터 빈약한 놀이의 경험을 하는 것을 의미한다.

- 중간대상과 도널드 위니캇

유아들은 한 해 한 해 성장을 하면서 엄마와 자신이 분리된 존재임을 깨닫게 된다. 유아들은 엄마와 헤어지게 될 때 엄마와 분리에 대한 스트레스를 보이는 등 불안한 모습을 보이게 된다. 이를 '분리불안'이라 한다. 이때 유아들이 엄마와 분리불안을 이겨 내기 위해 활용되는 것을 도널드 위니캇은 '중간대상(Transitional object)'이라 하였다.

중간대상의 기원은 생후 6개월 이후 유아들이 특별히 관심을 가지는 물건이나 장난감 등이 해당한다. 여자 유아들에게는 인형이, 남자 유아들에게는 자동차 장난감이 엄마에게서 떨어져 있을 때 장난감과 놀이함으로써 엄마와의 부재 시간을 견딜 수 있게 하는 도구가 되는 것이다.

실제로 우리의 아이들이나 조카들이 자신의 놀잇감을 자신의 분신인 양 안기도 하고 때로는 던지는 등 공격성과 친근감을 표시하는 매개체로 작용하는 것을 볼 수 있다. 한마디로 중간대상은 유아들에게 놀잇감이며 이 놀잇감의 전제는 유아들의 공격성에서 살아남는 재질로 고안이 되어 있어야 한다.

중간대상의 특징은 유아들이 성장하면서 점점 그 대상의 속성과 특성도 변화를 보인다. 예를 들어 유아에서 아동기까지는 곰인형이나 로봇 장난감, 학령기와 청소년기에는 좋아하는 연예인이나 취미와 관련된 운동기구, 전자제품 등이 포함될 것이다. 후기 청소년기나 성인기에 중간대상은 그 사람이 즐기는 취미나 여가 등이 해당할 것이다. 도널드 위니캇은 이러한 긍정적인 취미와 놀이가 있는 사람들이 그렇지 않은 사람들보다 더욱 풍요롭고 가치가 있는 삶을 살 수 있다고 설명하였다.

- 중간대상의 긍정적 속성

중간대상의 있고 없음은 유아와 한 사람의 풍요로운 내면적 세계를 구축하는 것과 깊은 관련성이 있다. 존 볼비John Bowlby, 1907~1990와 메리 에인스워스Mary Ainswort의 낯선 사람 실험에서도 잠시 엄마가 나간 사이에 장난감 인형과 놀이할 줄 알았던 유아들은 분리불안을 이겨낼 수 있었다. 즉, 엄마가 잠시 나가 있어도 그 인형이 애착 대상으로 기능을 한 것을 의미한다. 유아기부터 다양한 놀이와 취미에 집중하게 되면 유아들은 자신이 그 하나의 놀이와 취미를 잘 수행하고 숙련이 쌓여갈수록 자존감을 형성하고 자신만의 고유적 세계를 형성하게 된다.

나의 경우 청소년 시절 내성적이었지만 농구를 너무나 좋아해서 집에 골대를 만들고 매일 1시간 이상 연습을 하였다. 정기적으로 농구를 하면서 농구를 통해 할 수 있다는 자신감과 다른 사람들과 소통이 더욱 빈번해져서 사회성도 향상되기 시작했다. 농구라는 스포츠가 나에겐 훌륭한 중간대상이 되었다.

Special tip 중간대상을 유아들에게 제시하기

* 유아들이 어떠한 장난감과 사물을 선호하는지 파악합니다. 만약에 없다면 중간대상에 대한 이해를 바탕으로 마련해 주는 것이 필요합니다.

* 미술이나 음악 등 다양한 매체를 활용할 수 있는 방과 후 수업이나 문화센터에 등록함으로써 유아들이 자신만의 세계와 취미 생활을 할 수 있도록 해 주세요.

Self Check 나의 중간대상은?

당신에게는 다른 사람과 구분이 되는 취미나 여가생활이 있나요? 취미나 여가생활은 한 개인의 삶을 풍요롭게 하며 자신의 또 다른 대체 자아로서 역할을 하게 됩니다. 취미 활동은 마치 하나의 자기를 제시하는 정체성으로서 직업이나 전문 분야 외에서 자신의 정체성을 대변하게 됩니다.

✐ 어린 시절부터 지금까지 영위해 온 취미활동이나 여가생활을 적어보고 미래에는 어떤 여가생활이 자신에게 필요한지 생각해 보세요.

(예시)

시기	중간대상 (취미나 여가활동 등)	중간대상을 통해 느꼈던 감정
0~10세	야구, 동물 키우기	생명의 소중함과 운동의 중요성 깨달음
10~20세	농구, 해외 펜팔	영어 실력이 향상됨을 느끼고 성취감 경험함
20~30세	레크레이에이션 리더, 책 읽기 등	성취감 경험
30~40세		

✎ 나의 중간대상과 감정을 기록해 보세요.

시기	중간대상 (취미나 여가활동 등)	중간대상을 통해 느꼈던 감정
0~10세		
10~20세		
20~30세		
30~40세		

자기 인식의 시작

2세를 넘어선 유아는 엄마와의 상호작용이 가능하며 다른 사람들과의 의사소통 및 관계 형성에서도 싫고 좋음의 자기 의사 표현을 할 수 있게 된다. 또한 자기가 좋아하는 것과 싫어하는 것을 명확히 구분하게 됨으로써 자기만의 영역이 구축될 수 있다. 이 시기에 중요하게 언급되는 것이 '자기 인식(Self concept)'이다. 자기 인식은 유아들이 다른 사람과 자신이 서로 다른 독립적인 객체라는 것을 인식하는 것이다. 2세 시기에 엄마와의 분리와 개별화 과정을 통해 엄마와 자신은 분리된 존재임을 인식하게 하며, 유아는 명확하게 자신이 독립된 대상으로 자기 인식을 하게 된다.

이 지점에서 우리는 부모로서 우리의 아이들에게 사용하는 나의 언어나 생활 태도는 어떠한지 생각해 보아야 한다. 유아기 시기만 해도 부모가 큰 영향을 끼치기 때문에 부모가 유아에게 하는 말들이 아이의 긍정적인 또는 부정적인 자기 개념을 형성하는 데 영향을 끼치기 때문이다.

- 긍정적 자기 인식과 자아존중감

유아들은 어떻게 자기 인식을 긍정적이고 건강하게 할 수 있는가? 먼저는 유아들의 곁에 있는 부모님들이 유아가 수행하는 것이 조금이라도 향상이 되면 긍정적인 언어로 지지와 격려를 해주는 것이 선행되어야 한다. 유아가 발달상으로 분리와 개별화가 어느 정도 이뤄졌다 해도 부모라는 존재는 유아가 의존해야 하고 충분한 지지를 해 줘야 하는 중요한 사람이기 때문이다.

이 시기쯤 되면 유아들은 자기가 만든 미술작품이나 수행한 자료를 부모에게 보여주며 으스대는 모습을 우리는 볼 수 있다. 이때 비록 유아들이 만든 작품이나 자료가 유치해 보여도 그 작품을 인정해 주고 지지해 주는 경험을 해주면 유아들은 건강한 자존감을 형성할 수 있다. 자기 심리학자인 하인즈 코헛에 의하면 2세를 넘어선 유아들은 자기의 거대한 과대 자기감을 부모로부터 인정해 주고 이를 지지해 주는 경험을 해줘야 한다고 설명하였다. 즉, 유아들의 과대 자기 욕구를 부모님이 충족해 주는지의 여부에 따라서 유아들은 보너스로 긍정적인 자기 존중감 또한 갖게 될 수 있다. 과대 자기감은 한마디로 말하면 나 자신이 웅대하고 모든 것을 할 수 있다는 근원적이고 타인으로부터의 인정에 대한 감정이다. 유아들은 특히 자신의 위대하며 특별한 존재로 여기기를 바라는 정서의 욕구가 있다.

필자가 상담했던 내담자 중 재혼 가정에서 성장한 청소년이었다. 어머니가 새아버지와 재혼한 가족력이 있던 이 청소년은 나와 오랜 시간 상담을 받게 되자, 집 거실에 있는 피아노 연주를 시작하겠다고 말했다. 그래서 나는 상담 시간에 피아노 연주하는 것을 허락해 주었으며 피아노를 연주한 뒤의 느낌과 생각 등을 청소년과 공유하였다. 당시 연주한 곡이 베토벤의 '영웅'이라는 곡이었으며 한주 한주가 지날수록 청소년의 피아노 연주 실력도 향상이 되었고 격려와 지지를 해 주었다. 이 경우 청소년의 위대한 음악가처럼 위대해지고 특별해지고 싶은 인정의 욕구가 나의 격려와 지지를 통해 충족된 것이다. 이후 그 청소년은 자신의 단점 못지않게 장점 또한 많이 있음을 깨닫게 되었으며 친구들과도 원만한 관계를 유지할 수 있게 되었다. 또한 담임 교사로부터 이 내담자가 이전보다 훨씬 밝아지고 사회성 또한 좋아졌다는 평가를 듣게 되었다. 그 청소년의 경우 2~3세 시기에 부모님으로부터 공감받았어야 할 인정 욕구를 중1이 되어서야 상담을 통해 경험한 것이다.

Special tip 우리 아이 자존감 상승하기

* 유아 시기는 자신이 웅장하며 위대하다는 인정 욕구가 부모님으로부터 격려의 말이나 지지를 통해 충족되어야 합니다. 부모님으로부터 지속적인 지지와 격려를 받고 자라난 유아들은 자아존중감이 향상됩니다.

* 지속적인 운동과 자신의 실력을 향상할 수 있는 자신만의 취미와 여가생활을 찾아보길 바랍니다. 취미와 여가생활을 구축함으로써 우리는 성취감을 경험하고 성취감은 자아존중감과 자기효능감의 상승으로 이어지게 됩니다.

Self Check 나의 자아존중감 수준[4)]

✐ 각 문항을 읽고 해당하는 점수를 합쳐 보세요.

문항	전혀 아니다	대체로 아니다	대체로 그렇다	거의 그렇다
1. 나는 내가 다른 사람들처럼 가치 있는 사람이라고 생각한다.	1	2	3	4
2. 나는 좋은 성격과 성품을 소유하고 있다고 생각한다.	1	2	3	4
3. 나는 대부분의 다른 사람들만큼 일을 잘 해낼 수 있다.	1	2	3	4
4. 나는 자랑할 것이 별로 없다.	4	3	2	1
5. 나는 내 자신에 대해 긍정적인 태도를 지니고 있다.	1	2	3	4
6. 나는 대체로 나 자신이 실패한 사람이라 생각이 든다.	4	3	2	1
7. 나는 나에 대해 전반적으로 만족한다.	1	2	3	4
8. 나는 나 자신을 좀 더 존경할 수 있는 사람이라 생각이 든다.	1	2	3	4
9. 나는 가끔 나 자신이 쓸모없는 사람이라는 생각의 느낌이 든다.	1	2	3	4
10. 나는 가끔 내가 좋지 않은 사람이라 생각이 든다.	1	2	3	4

10~19점 : 낮은 수준 자존감 / 20~29점 : 중간 수준 자존감 / 30~40점 : 높은 수준 자존감

4) 출처 : 「십대들의 중독」, 김미숙 (2020). 이비락. 재인용

Self Check 우리 아이 격려 노트

유명한 심리학자인 알프레드 아들러의 경우 형들보다 잔병치레도 많고 신체도 작아서 열등감을 경험했다. 그러나 알프레드 아들러의 아버지는 늘 격려해 주고 지지해 주었다. 이러한 격려를 통해 힘을 얻은 알프레드 아들러는 훗날 유명한 심리학자가 될 수 있었다. 이렇듯 아이들의 성장에 부모님의 사랑과 격려는 막대한 영향력을 발휘한다.

(예시) 격려의 말 유아기

2023 1.22	격려의 말(예)	'우리 영석이 잘 웃네. 웃는 모습이 정말 예쁘구나!'
	격려의 방법	유아기에 아이들은 부모와 언어적으로 소통을 하는 것에 어려움이 있습니다. 이 시기에는 진심으로 아이의 눈과 눈을 마주하며 사랑하는 마음의 언어로 전달하면 그 진심이 아이에게도 전달됩니다.
2023 1.22	격려의 말(예)	'우리 철수 드디어 걷는구나. 그렇치. 그렇치. 조금만 더 걸어보자!'
	격려의 방법	발달적 변화가 심한 시기가 유아기이다. 아이들의 발달적 변화에 대해 늘 관찰하고 놀랍고 신비한 마음의 감정을 표현하면 안정된 자기감을 갖출 수 있습니다.

(예시) 격려의 말 아동기

2023 1.22	격려의 말(예)	우리 민호, 오늘 집안 청소를 아주 깨끗하게 했구나!
	격려의 방법	학업적인 부분뿐만 아니라 생활 전 영역에서 드러나는 아이들의 모습에 대해 조명해주세요. 아이들의 새로운 장점을 알게 될 것입니다.

(예시) 격려의 말 청소년기

2023 1.22	격려의 말(예)	'비록 지난 시험보다 영어 점수는 조금 떨어졌지만, 영작문에서는 많이 맞았구나!'
	격려의 방법	성적이 비록 떨어졌어도 개선이 된 부분이 있으면 그 부분 중심으로 칭찬을 해 주면 아이들은 더욱 힘을 얻을 것입니다.
2023 1.22	격려의 말(예)	'우리 지현이. 진로 고민을 많이 하고 있구나! 아직은 시간이 있으니까 다양한 경험을 하면서 진로에 대해 알아가도록 하자'
	격려의 방법	청소년의 시기는 정체성과 연관된 고민을 하게 됩니다. 정체성의 형성은 진로와 연관이 있는데 이 부분을 함께 고민해보자는 말을 해 준다면 더욱 힘이 될 것입니다

✐ 최근에 아이들에게 격려의 말을 했는지 기록하고 아이들의 반응도 기록해 보세요.

날짜	격려의 말	아이의 반응

- 부모 관계와 메타인지 능력(Meta-cognition ability)

부모와 유아는 수많은 색깔의 이야기와 사연을 갖고 서로 영향을 주고받게 된다. 대다수의 애착 이론가에 의하면 부모의 자기 성찰 능력이 높을수록 그 부모의 유아들도 그에 부합되는 자기성찰 능력을 갖추게 된다고 설명하고 있다. 자기성찰은 자기 자신의 마음을 돌아보며 반성하고 확인하는 자세이자 능력이다.

즉, 부모가 이전 부모로부터 온전히 이해받고 충분한 정서적 경험을 하게 되면 그 부모는 안정된 성격과 안전한 애착을 형성하게 된다. 그리고 이전 부모가 소유하고 있던 자기 성찰 능력을 갖추게 되고 부모는 자신의 유아를 자기 성찰 능력을 갖춘 대상으로 성장을 시키게 한다. 이러한 자기성찰 능력이 있는 부모님에게 관심과 사랑을 충분히 받은 유아들은 자기 자신의 마음과 상태를 헤아리게 된다. 또한 부모와의 긍정적 애착 관계를 통해서 아이들은 메타인지 능력(Meta cognition)을 얻게 되는데 메타인지 능력은 자신이 어느 영역이 취약하며 어떤 영역에 수행 능력이 있는지를 파악하는 능력이다.

한 예로서 내가 상담했던 A의 엄마는 비록 불안 감정을 호소하며 상담실에 내방을 하였지만, 또렷이 자신의 과거 부모와의 애착 경험을 기억하고 있었다. 엄마가 자신에게 했던 말들의 의미, 엄마의 양육패턴과 의사소통 등이 자신에게 어떠한 의미로 각인이 되었는지 명확히 설명할 수 있었다. 그러한 의미에는 관계 경험이 부정적이고 지지가 결여된 시기도 있었으나, 애써 자신의 힘듦에 대해서 늘 들어주고 이해해 주려는 관계의 경험도 있었다. A 엄마의 경우 과거 부모님과의 관계 경험에 있어서 좋고(+) 나쁨(-)의 부분들을 통합적으로 인식하고 있었다. 어머니 역시 한계가 있는 분이고 어머니에게도 양육 경험이 절대 쉽지 않았음을 자신이 학부모가 된 뒤에 실감하게 된 것이다.

- 정신화와 애착

부모가 유아의 반응과 행동에 대해서 민감하게 헤아리고 아이의 입장에서 이해하려는 자세를 정신화(Mentalization)라 한다.

정신화라는 개념은 현대의 애착 이론가 중 한 명인 피터 포나기Peter Fonagy, 1952에 의해 고안된 개념이다. 정신화란 다른 사람의 마음을 헤아리고 이해하는 자세이자 능력으로서 유아와 엄마 관계에서는 엄마가 유아의 입장을 이해하려는 능력을 의미한다.

정신화는 우리가 유아들을 양육하고 마음을 이해하려고 할 때 우리가 알고 있는 이해의 틀로 유아들의 정서와 상태를 단정 짓고 대화하려는 것이 아니다. 반대로 유아들에게 다양한 마음의 정서와 상황이 있을 수 있음을 인정하고 잘 알지 못하는 자세로 임하는 것이 될 수 있다.

반면에 유아의 행동과 반응에 대해서 부모님의 선입견과 과거 행동의 틀로 이해를 전적으로 하게 되면 유아들은 온전히 이해받지 못한다고 여길 수 있다.

정신화 능력이 탁월한 사람은 자기의 주관적인 관점에 집중하지 않고 타인의 관점과 객관적인 시야에서 사물과 중요한 판단을 충분히 고려해서 결정하게 된다. 정신화 능력은 타인과의 관계와 사회적 상호작용에서 큰 영향을 끼치게 된다. 또한 엄마의 긍정적인 애착 경험을 한 유아들일 경우 정신화 능력을 갖추게 된다.

예를 들어 유아가 자주 칭얼대고 울거나 할 때 우울하고 자기 중심적인 엄마의 경우 유아가 칭얼대는 행동과 모습이 스트레스로 경험하게 될 가능성이 크다. 반대로 유아가 칭얼거리고 빈번하게 우는 모습에 대해 충분히 좋은 엄마들은 이들이 울고 우는 행동의 이면에 내재한 아이들의 감정을 헤아리는 모습으로 접근할 것이다.

후자의 엄마에게서 성장한 유아들이 전자의 어머니에게서 양육받은 유아들보다 더 높은 수준의 정신화 능력을 갖추게 될 것이다. 후자의 엄마에게서 성장한 유아들은 이후 아동이 되고 청소년기가 되었을 때 다른 친구들의 어려움과 그 입장을 헤아리는 마음의 상태를 갖게 될 수 있을 것이다.

- 애착의 유형

존 볼비에 의하면 애착은 생후 1~2년 이내에 자신을 돌보는 양육자와 형성하는 상호적이고 감정적인 유대관계를 뜻한다. 보통은 어머니가 양육자이지만 상황에 따라 다른 사람이 될 수도 있다. 애착 형성의 결정 시점은 생후 6개월부터 1년 반 사이에 결정된다.

생의 초기에 애착이 형성되는 이유는 아기의 무력함과 양육자의 중요성 때문이다. 생후 몇 달 동안 유아는 어머니에게 절대적으로 의존해야만 생명을 유지하게 된다. 유아가 먹고 자는 것부터 배변하거나 옷을 입는 것까지 양육자의 지원과 관심 없이는 유아 혼자서 감당하기에는 한계가 있다.

이때 신뢰할 수 있고 유능한 양육자와 양육 경험을 했던 사람들은 대체로 사람들과 친밀해지는 것이 그렇지 않은 사람들보다 덜 어색했고 안정된 감정을 느낀다고 하였다. 이 유형은 사람들을 기꺼이 신뢰하고 마음을 개방한다. 다른 사람들과의 관계에서도 기본적으로 다른 사람이 선하다고 믿고 긍정적인 의도로 행동한다고 바라본다. 반대로 불안정 애착을 형성한 사람들은 양육자가 유아에게 관심을 보이지 않거나 충분한 정서적 지지와 신뢰를 제공하지 못한 경우 불안정한 애착을 형성하게 된다.

– 참자기와 거짓자기

내 주변을 살펴보면 어떤 사람은 부모나 타인의 말에 절대적으로 순종하며 순응하는 모습을 보이는 지인들이 있다. 또 어떤 사람은 중요한 결정을 할 때 부모의 가치관이나 타인의 견해는 일정 수준 참고만 하고 자신의 주도적인 선택을 하는 모습을 보이는 지인들도 있다. 여러분은 어떠한 패턴의 모습을 보이는가?

앞의 두 예시와 관련된 개념으로 도널드 위니캇은 참자기와 거짓자기 개념을 고안하였다. 먼저 '자기(Self)'라는 말은 어떤 행위나 작용의 목적 대상이 바로 주체 자신일 때, 그 주체를 이르는 말이다. 즉, 우리 개인의 한 사람을 지칭하는 또 다른 심리학적 용어이다. 참자기(True self)는 엄마로부터 긍정적인 지지와 정서적 경험을 제공받는 유아들이 형성하는 개념이다. 그렇기 때문에 유아들의 참자기를 촉진하는 엄마들은 0~2세 사이에 유아들을 온전한 정서적 돌봄과 심리적 지지를 제공한다. 참자기는 엄마가 자신의 아이에게 출생 후 수개월 동안 모든 것을 포함하여 전적으로 집중할 경우 만들어지게 된다.

반대로 거짓 자기(False self)는 부모님이 우울한 성향이 있거나 자기중심적 성향인 경우 오히려 유아들이 부모님을 즐겁게 하거나 엄마의 욕구를 충족시켜 주는 반응을 보이게 된다. 참자기를 형성한 유아들은 자신이 원하는 삶을 자기 주도적으로 살게 되는 삶의 양식을 보인다. 반면에 거짓자기를 형성한 유아들은 타인의 눈치를 보거나 보다 수동적인 삶의 양식으로 살게 된다.

한 예를 든다면 내가 상담했던 P라는 40세 여성의 경우 어머님이 우울하고 자기중심적이었으며 자기 엄마의 입장을 P가 먼저 배려하고 이해해 주었던 관계로 패턴을 유지하게 되었다. 엄마가 힘들면 자신이 웃어주고 오히려 엄마에게 부모의 역할을 하다 보니 이성 친구와 관계도 원만치 않았다. 또한 결혼을 미루거나 삶의 중심이 엄마 중심으로 살게 되는 패턴을 보이게 된다. 이에 따라 남자 친구들과는 관계가 깊어질 만하면 헤어지는 패턴이 드러나게 되었다. P씨의 경우 엄마와 분리 개별화가 잘 성취되지 못한 것이며 독립해야 할 시점에 독립하지 못한 것도 주요 원인이었다. 만약에 P씨가 참자기를 형성했다면 자기가 원하는 삶을 살게 되어 남자 친구들과 원만한 관계를 유지했을 가능성이 높았을 것이다.

Self Check 나의 애착유형은?[5]

이 세상에 한 존재로 태어난 이상 우리와 부모와의 관계는 분리될 수 없는 속성을 가지고 있습니다. 부모와 자녀 간의 관계를 형성하는 것을 애착(Attachment)이라 하며 삶의 초기에 형성된 애착은 한 개인의 인격의 골격을 주조하는 데 가장 근본이 되는 요소입니다. 그렇다면 여러분의 애착유형은 어떤가요?

✐ 자신이 해당하는 유형에 체크하고 확인해 보세요.

안정 애착	회피형 애착
매우 이상적인 환경에서 영유아기를 보내며 양육자가 일관성 있게 가까이에서 돌봐주었다. 울음을 터트리거나 짜증을 부려도 양육자가 달려와서 적합한 관리를 해준다.	양육자가 방임한 경우나 매우 엄격한 경우로 아이는 양육자가 자신을 지켜줄 안전지대, 의존할 애착 관계로 느껴지지 않는다.
불안형 애착	**혼돈형 애착**
양육자가 일관성 있게 양육하지 못했으며 과한 개입으로 아이의 자율성을 통제한 경우가 해당이 될 수 있다. 이 유형은 사랑을 받았다가 못 받은 것 같은 경험을 하며 그래서 사랑을 못 받은 것 같은 상황에서 과한 욕구를 표현한다.	약 5% 미만의 흔하지 않은 경우이다. 주 양육자 없이 위험에 노출되어 성장하거나, 양육자에게 빈번하고 심한 학대를 받은 유형이다. 또한 보호받을 수 있는 안전기지가 빈약할 수 있다.

5) 출처: 「상담실에서 왜 연애를 말하게 되었냐면」 이유정 (2021) TLC. 재인용

✏ 다음 표에 해당하는 유형에 체크하고 자신의 어린 시절 애착과 관련해서 기억나는 장면을 기록해 보세요.

시기 (년, 월, 일)	기억나는 장면	느껴지는 감정

아빠와 엄마의 역할

상담을 공부하다 보면 '중요타자(Significant other)'라는 말을 많이 활용한다. '중요타자'는 일반적으로 부모님과 같이 한 사람에게 중요한 영향력을 끼치는 사람으로 심리 상담학에서는 정의된다. 한참 성장하는 유아들에게 중요타자는 부모님일 것이다. 그렇다면 두 명의 중요타자인 엄마와 아빠는 유아들이 성장하는 데 무슨 역할을 해야 하는가? 일반적으로 유아는 먼저 엄마와 관계를 맺게 된다. 생물학적으로 엄마 신체 안에서 성장하고 배 속에서 출생해도 1년에서 2년 정도는 엄마의 품 안에 있기 때문에 엄마를 세상의 전부로 여기게 된다. 그런 뒤 2세가 넘어서 3세쯤 되었을 때 서서히 엄마보다 더 거대한 아빠라는 존재가 있음을 인식한다. 0에서 2세까지의 유아 발달에 있어 엄마의 역할이 중요하고 절대적인 영향력을 발휘한다. 그리고 실제로도 엄마가 제공하는 모유 수유 경험과 따뜻한 엄마 품의 온도는 아빠 품의 그 무엇이 대신하기에는 한계가 있다. 그렇다면 아빠의 역할은 중요하지 않을까? 이 부분에 대해서 몇 가지 사항을 설명한 뒤 언급하도록 하겠다.

- 프로이트 이론, 아빠의 중요성

지그문트 프로이트Sigmund Freud, 1856~1939의 정신분석 이론에서는 여성보다는 남성의 중요성을 강조한다. 지그문트 프로이트가 보고한 아동기 성격 발달과 관련된 오이디푸스 콤플렉스도 남자 유아들의 심리 성격 형성에 관련된 개념이기 때문이다. 한 사람의 성격 형성이 아빠의 도덕적 가치와 성격에 의해 영향을 받게 되며 아빠의 존재 자체가 한 사람의 성격 형성에 절대적인 영향을 주게 된다. 예를 들어 아버지가 엄격하고 매사에 완벽한 가치관을 갖고 있는 경우, 그 사람은 엄격하고 꼼꼼한 가치관을 형성했을 가능성이 높다. 반대로 아빠가 균형적이고 융통성이 있는 경우 유아들은 균형적이고 안정적인 성격을 형성할 가능성이 높다는 것이다.

- 여성 정신 분석가들의 등장과 여성의 중요성 대두

정신분석이 뿌리를 내리고 정신분석 전문가들의 수도 증가하면서 서서히 여성 정신 분석가들의 수도 늘어나기 시작하였다. 여성 중심의 이론을 언급한 선두 주자는 카렌 호나이Karen Horney, 1885~1952였다.

카렌 호나이는 자궁 선망(Womb envy)이라는 개념을 처음으로 설명하였다. 이 개념은 남성들이 출생 능력을 갖춘 여성을 부러워한다는 점에서 여성들의 생식 능력의 중요성을 언급한 것이다. 즉, 아이를 낳을 신체 기관이나 그러한 기능을 수행하지 못하는 측면에서 남성이 여성보다 더 열등하고 생명을 출생하는 생식 능력을 갖고 있지 못한 남성들은 생식 능력을 가진 여성들에게서 열등감을 느끼게 된다는 관점이다.

이 관점은 지그문트 프로이트의 남성 중심적 관점과 대치되는 것이다. 참고로 지그문트 프로이트의 경우 그가 설명한 오이디푸스 콤플렉스는 성격의 발달을 남성의 관점에서 강조한 이론으로서 남아가 소유하고 있는 성기가 여성인 엄마에게는 없기 때문에 이를 보호하려는 남아의 욕구에 기인하고 있다. 그러나 자신보다 더욱 강력하고 더욱 거대한 아빠가 나타남으로 인해 엄마에 대한 성적 욕구를 철회하게 된다. 아빠를 정복하기에 남아는 상대가

되지 않음을 인식하기 때문이다.

이렇듯 카렌 호나이는 한 대상이 성공적이고 가치 있는 삶을 향유하는 데 있어서 가장 중요한 부분은 생물학적인 창조 능력에 있다고 주장하였다.

- 대상관계이론과 멜라인 클라인의 등장, 엄마의 역할

지그문트 프로이트의 퇴장은 남성 중심의 아버지 관점에서 여성 중심의 어머니 관점인 대상관계이론의 등장을 의미하는 것이기도 하다. 지그문트 프로이트의 친딸인 안나 프로이트Anna Freud, 1895~1982를 비롯한 멜라인 클라인Melanie Klein, 1882~1960의 등장은 정신분석에서 이제는 어머니의 중요성이 아버지의 중요성과 비견될 만큼 중요한 부분으로 대두되기 시작한다. 멜라인 클라인은 관점에서 엄마 젖가슴의 중요성을 부각하게 된다. 유아 입장에서는 모유가 오직 엄마의 젖가슴에서만 배출이 되기 때문에 유아 스스로 모유를 소유하고 통제하는 것이 불가능하다는 것을 인식하게 된다. 급기야 유아는 모유를 갖고 있는 엄마와 엄마의 젖가슴을 시기하고 환상 속에서 파괴한다는 견해이다. 멜라인 클라인의 이 관점의 정확성을 논하기에 앞서 여성의 모유가 갖는 가치성을 멜라인 클라인이 최초로 제언한 것이기에 당시로서는 파격적인 관점이었다. 이러한 관점의 흐름은 지그문트 프로이트의 남성 역할적 관점으로부터 탈피한 여성의 역할의 중요성이 대두됨을 의미한다.

- 아빠의 중요성

페더슨Pedersen,과 롭슨Robson(1969)[6]은 초기에 유아가 부모의 차이를 지각상으로 판별할 수 있으며, 최소한 8개월에는 아빠에 대한 애착을 형성할 수 있다고 보고하였다. 이 연구가 시사하는 바는 유아는 출생 이후 1년이 안 되는 시점에서 아빠라는 대상이 자신의 곁에 있음을 지각하고 있다는 것이다. 비록 유아가 아빠라는 존재를 다소 늦게 인식하지만, 우리가 생각하는 것보다 더욱 이른 시기에 파악하고 있다.

문헌 연구에 의하면 아빠의 중요한 기능은 유아가 공격성을 조절하는 능력을 발현시키도록 돕는 것이라고 한다(Herzog, 1980)[7]. 즉, 유아의 양육적인 역할의 엄마보다는 아빠는 유아가 보다 신체적 활동을 통해 성장하는 데 그 역할을 하게 된다. 그러한 신체적 활동을 하면서 유아 내면에 내재한 공격성과 같은 에너지를 끌어내게 된다. 반면에 유아 생후 첫 18개월 동안 아빠의 부재와 상실의 경험은 유아의 행동이나 감정상의 장애를 유발할 수 있는 것으로 나타났다.

아빠는 엄마와 유아 사이를 중재하고 엄마가 쉴 때 여분의 '재충전'을 지원하며 유아에게 '동일시(Identification)' 될 수 있는 다른 사람이 되어 줄 수 있다. '동일시'란 다른 사람의 인격과 행동을 받아들이는 것이다. 쉽게 설명하면 유아가 부모나 형제 등 자신에게 중요한 사람의 태도와 가치관을 닮아가고 받아들이는 것이다. 유아가 생후 초기에 어머니와 동일시하며 아빠와의 동일

6) 출처: Pedersen, F. A. & Robson, K. S. (1969). Father participation in infancy. Amer. J. Orthopsychiat. 39. 466-472

7) 출처: Herzog, J. M. (1980). Sleep disturbance and father hunger in 18-to28-month-old boys: The Erlkong syndrome. Psychoanal. Study Child, 35, 219-233

시는 18개월쯤에 나타나는 것으로 밝혀졌다(Mahler, 1975)[8]. 생애 초기 엄마와 동일시는 엄마와 자신을 마치 하나의 몸으로 인식하는 것이며 이후 아빠와의 동일시는 아빠의 다양한 가치관과 현실적인 인식 등을 유아기에 동일시 하게 된다. 이러한 내용을 통해서 유아의 양육에 있어서 엄마의 역할 못지않게 아빠의 역할도 중요하다는 것을 의미한다.

– 아빠와 엄마

1970년대 이후 유럽을 시작으로 한 서구 사회에서는 아빠 고유의 역할에 대한 주장과 그 필요성에 대한 인식이 언급되기 시작하였다. 이 당시 언급된 엄마와 아빠 역할 간의 차이는 아빠는 자녀들을 각기 차별적인 방식으로 사회화를 시키기 때문에 엄마보다 더 중요한 사회화의 매개자 역할을 한다는 것이다. 즉, 아빠는 유아에게 세상의 법칙과 사회성 등의 중요한 기술을 습득하도록 지원한다. 아빠는 유아들이 마주하게 될 세상이라는 곳이 절대 호락호락하지 않은 곳임을 일깨워 준다. 또한 어떠한 준비를 해야 더욱 원만한 사회생활을 할지 대한 준비를 할 수 있도록 하는 것이 아빠의 역할이다.

그렇기 때문에 아빠는 엄마와 뚜렷이 구분되는 역할과 기능을 하며 그 중요성 또한 엄마에 못지않음을 인식해야 한다.

나에게 아버지는 성장하면서 나의 장단점을 인식시켜 주셨다.

---

8) 출처: Mahler, M. S. (1975). On the current status of the infantile neurosis. J. Amer. Psychoanal. Assn., 23. 327-333

아버지는 나의 장점과 단점을 명확히 설명해 주셨고, 나는 단점을 극복하기 위해 노력할 수 있었다. 40대의 중년이 된 시점에서 회상해 보면 엄마의 따듯한 사랑도 필요하지만, 아빠의 현실적이고 이성적인 사랑도 필요하다는 것을 깨닫게 된다.

한편 아빠의 역할과 관련해서 미국에서는 아빠가 수행해야 할 역할 7가지를 정리하였다. 그 내용은 다음과 같다.

◆아빠가 수행해야 하는 기능 7가지

---

(1) 자녀와 시간을 보내는 아버지
(2) 자녀에 대한 지식이 있는 아버지
(3) 일관성 있는 아버지
(4) 위기 상황에서 분별력이 있고 가정에 일정한 수입을 제공하는 아버지
(5) 아내를 사랑하는 아버지
(6) 주의를 기울여 경청하는 아버지
(7) 정신적으로 '준비된' 아버지

제시된 기능을 통해 우리가 알 수 있는 것은 아빠의 기능은 자녀에 대한 적절한 수준의 관여도 해야 하지만 육아 파트너인 아내에 대한 지지와 지원도 해야 함을 의미한다. 자녀 양육에 있어서 아빠의 역할 역시 엄마 역할 못지않게 중요함을 의미한다.

“아동기”

보다 넓어지는 세상과 마주하는 시기

아동복지법에서는 18세 미만을 아동으로 보고 있다. 초등학교 입학과 함께 아동기가 시작되며 일부 법령의 관점에 따라 청소년기와 겹치는 시기임을 의미한다. 전반적으로 아동기에 막 입문한 아이들은 본격적인 또래들과의 경쟁과 자신 능력과 현실을 직시해야 하는 시기이다.

나의 경우 역시 아동기를 회상해 보면, 학교 수업을 억지로 듣기 위해 무거운 발걸음으로 학교 가던 모습, 선생님께 혼나던 날 어머니가 학교에 오시고 그것을 보던 기억 등 여러 모습이 나의 아동기 자화상으로 남아 있다.

아동기에서는 최근에 부각되고 있는 심리·사회적 이슈들을 모아서 아이들의 아동기 발달을 보려고 한다.

집 그리고 학교

- 집

아동기 전에 유아들은 대부분 시간을 집에서 보내게 된다. 물론 유아기부터 활동하기 위해 외부에서 시간을 보내는 경우도 있으나, 보내는 시간의 비율을 보면 그러하다는 의미이다. 아동들에게 기본적으로 '집'은 베이스캠프이자 조건 없이 아이들의 지친 몸을 받아주는 고마운 곳이다. 집의 사전적 의미는 '사람이 들어서 살거나 활동할 수 있도록 지은 건축물'이라는 의미로 정의된다[9]. 이 정의에서는 건축학적 의미로 집이 규정되어 있으나 아동들을 비롯한 모든 사람에게 집이라는 곳은 여러 추억과 오만가지 감정이 겹치는 곳이라는 생각이 든다.

- 학교

아동기가 되면 '학교'라는 곳에 입학한다. 이 학교라는 곳은 집과는 너무나 다른 곳이다. 학교에 입학하면 무엇보다 다양한 교과목을 '공부'를 하게 되며 자신과 성격이나 기질이 다른 아동들과 생활하게 된다. 그렇기 때문에 학교에서는 아동들이 공부하는 습관과 익숙해져야 하고 다른 아동들과 관계도 원만하게 하는 것을 알아가는 장소이다. 아동 입장에서는 유아기보다 훨씬 더 넓은 세상과 친구들을 만나는 것은 하나의 도전 관문이 될 수 있다. 바로 그 첫 도전이 학교를 통해 체험하게 된다.

---

9) 출처: 「예스 브레인 아이들의 비밀」 대니얼 J 시걸, 티나 페인 브라이슨 저. 안기순 역(2019). 김영사. 재인용

- 집과 학교 사이에서

집과 학교 사이에서 아동들은 세상이 더욱 넓어지는 것을 경험한다. 학교라는 곳은 자신의 또래 친구들도 있으나 몇 살 더 많은 상급생과 자기 부모님보다 나이가 더 많은 선생님과도 잘 어울려야 하므로 적응한다는 것이 만만치 않다. 일부 아동들의 경우 학교 가는 것이 부담스러운 나머지 등교를 거부하거나 떼를 쓰기도 한다.

등교 거부가 심할 경우에는 학교의 위클래스를 통해서 학교 적응에 대한 크로스 체크를 하거나 담임 교사와 협의하여 도움을 받는 것도 필요하다.

Self Check 집에 대한 좋은 기억 만들기

(1) 방법

① 가족 신문을 만들 계획을 가족과 함께 상의한다(월별, 분기별).

② 가족들과 함께한 활동을 기록하거나 방문한 장소의 사진 등을 컴퓨터에 파일로 보관한다.

③ 가족 신문을 만들기로 정한 날에 한글 또는 파워포인트 프로그램 등을 이용하여 가족 신문을 만든다.

④ 자녀와 함께 만든 가족 신문을 보며 소감 등을 나누고 어떤 경험이 인상적이었는지 의견을 공유한다.

(2) 기대효과

① 가족 신문을 만들어 봄으로써 상호 간에 소통과 관계 형성을 할 수 있다.

② 자녀들과 긍정적인 유대감 형성과 소중한 추억을 기억하고 아동들에게 활력소로 작용할 수 있다.

Self Check 집에 대한 추억(부모)

누구나 부모님과 형제들과 함께 한집에서 지냈던 추억이 있다. 어린 시절 집에 대한 추억을 기록해 보면 '집'이라는 물리적 환경 안에서 가족과 나의 관계를 이해하는 데 도움이 될 것이다.

(예시)

주요 시기	집과 연관된 기억 & 추억
아동기	아동기에 집은 할머니와 할아버지가 나의 부모님인 것처럼 많은 시간을 조부모님과 함께 보내던 시기였다. 반면에 일과 시간이 마치는 6시쯤 되면 부모님이 밭에서 일을 마치고 오던 모습이 기억난다.
청소년기	청소년기의 집은 조금씩 나의 생활영역이 확장되면서 아동기 때처럼 많은 중요성이 느껴지지는 않았다. 오히려 친구들과 밖에서 어울리거나 보내는 시간이 많아지면서 관계의 우선순위가 집에서 외부로 변화하기 시작했다. 오래전 집에서 현대식 집으로 개조하면서 집도 변화를 보이기 시작했다.
청년기	청년기가 시작되면서 내 집의 웃어른이던 할아버지가 돌아가셨고 사실상의 가장 역할을 아버지가 하게 되었다. 동생들도 대학교에 입학하면서 집에는 두 분 부모님과 할머니만 남게 되었다.
현재	현재 부모님이 집에 거주하고 계신다. 결혼을 한 뒤 집에 가면 집이 나에게 많은 것을 주었다는 생각이 들어서 슬픈 마음과 감사한 마음이 교차한다.

✐ 집에 대한 기억을 기록해 보세요.

주요 시기	집과 연관된 기억 & 추억
아동기	
청소년기	
청년기	
현재	

- 성장을 한다는 것

흔히들 아동기 아이들을 보게 되면 하루가 다르게 성장하는 것을 볼 수 있다. 나의 경우도 사촌 조카들을 분기쯤마다 보게 되면 하루가 다르게 성장하는 것을 지켜보곤 한다. 어느 시점에서 인가 탄탄한 골격과 제법 변성기에 들어서는 조카의 목소리는 빠른 성장이 진행되는 인간의 발달에 경이로움을 깨닫곤 한다. 성장을 한다는 것은 인간에게 있어서 신체적인 성장도 하게 되지만 그만큼의 정신적 성장과 인지적 성장 또한 동반하게 된다. 아동기에서 본격적인 학령기로 들어선 아이들의 경우 이들은 신체적으로 성장한 만큼 책임감 또한 부여받게 된다. 즉, 서서히 학교에 들어갈 준비를 하거나 본격적인 공부라는 사회적 수단을 통한 경쟁이 시작되는 것이다.

- 열등감과 우월감

에릭 에릭슨Erik H. Erikson, 1902~1994이라는 발달심리학자는 학령기에 들어서는 7세쯤의 발달단계를 열등감 대 우월감의 시기로 정의하였다. 즉, 학교에서 요구하는 다양한 학업적 수행 능력이 탁월하고 문제가 없는 경우에는 자신에 대한 우월감을 경험하게 된다. 반대로 학업적 수행 능력이 부족한 경우에는 열등감을 느끼게 되며 자신에 대해 열등한 인식을 하게 된다. 우월감과 열등감의 이 시기 상반되는 경험은 아동들로서는 처음 맛보게 되는 삶에 있어서 승부이며 이른바 인생 경쟁에 있어서 전초전이다. 모든 아동이 우월감, 즉 자신에 대해 뿌듯하고 만족하는 경험을 하면 좋겠으나 일부의 아동들은 학교에서 수행이 부족하다는 평가와 결과 때문에 낙담하게 된다.

- 우월감 촉진을 위한 아이 양육

우월감을 경험하는 아동에 대해서는 부모로서 어떠한 양육을 해야 할까? 우월감을 성취한 아이들에게는 해당 아동들이 잘하는 영역이나 관심 분야가 분명하다면 그 관심 분야를 탁월한 실력을 향상하기 위해 지원을 하는 것이 중요하다. 물론 이 시기에 아동들이 특정 분야에 대한 현저한 실력을 보인다는 것은 어려울 것이다. 일정 분야나 특정 주제에 대해 아동들이 흥미를 맛보게 하는 것만으로도 가치가 있다고 생각한다. 비록 커다란 성취 경험이 아니라 해도 특정 분야의 소소한 성취 경험은 그 아동 자신감의 근원으로 작용해서 향후 도전에 대한 작은 씨앗으로 작용하게 된다. 예를 들어 아동이 축구에 관심을 보인다면 축구공을 사주고 함께 축구하거나 시간적 여유가 된다면 축구 경기를 관람하는 것도 좋은 방법이 될 수 있다.

- 열등감을 느끼는 아이에 대한 양육

아동기는 본격적으로 친구들과 자신의 다양한 영역에서 수행능력의 차이를 인식하게 된다. 공부와 학업은 기본이고 키와 일정 운동 등의 영역에서 성취 수준 등을 자기 친구와 비교하는 것은 이 시기의 특징이다. 보통 아동들은 자신의 강점보다는 열등감과 같은 부분을 먼저 생각한다고 한다. 그렇다면 열등감을 느끼는 아이들에 대해 어떤 도움이 필요할까? 먼저는 다양한 취미나 활동을 접하게 하는 것이 필요할 것이다. 평소에 아동들이 어떤 분야나 영역에 관심을 보였는지 기억해 보고 지금도 그 흥미가 유지되고 있다면 다시 분야나 영역을 경험할 수 있도록 해 주는 것도 대안이 될 수 있다.

또한 글씨를 잘 쓴다던가 미세하지만 작은 개선이라도 아동이 보인다면 이 부분부터 격려하는 것도 하나의 방법이 될 수 있다.

Special tip 열등감 극복하는 방법

* 학업이나 다양한 활동에 있어 수행을 못 하게 되어 낙담한 아동에게 오히려 칭찬해 주세요. 칭찬은 아동이 과업에 대해 다시 시작할 수 있는 씨앗이 됩니다.

* 열등감을 극복한 위인전의 이야기나 사례를 설명하면서 지금 열등감을 경험하는 것에 대한 희망적인 메시지를 주세요.

* 아동기가 깊어져 갈수록 아동들은 자신의 한계를 느끼게 됩니다. 자신의 한계를 과도하게 느끼는 아동들에게 자신의 강점을 파악하고 인식할 수 있도록 해 주세요.

- **열등감의 원인**

열등감은 자기를 남보다 못하거나 무가치한 인간으로 낮추어 평가하는 감정으로 정의가 된다. 아무리 학력이 좋고 남들이 부러워하는 능력을 소유하고 있다고 해도 이 세상을 살면서 열등감 한 번 경험하지 못한 사람은 없을 것이다. 그만큼 열등감을 느끼는 것은 보편적으로 모든 사람이 경험하는 것이며 드문 일이 아니다. 그런데 문제는 아동들이 열등감을 경험하면 꼭 나만 열등감을 경험한다고 생각하는 경향이 있다는 것이다. 이런 열등감 깊은 생각은 한없이 아동들의 활동 영역을 축소하고 움츠리게 만든다. 특히 학교에 갓 입학하거나 새로운 시작을 하는 학령기 아동들이 처음으로 대면하는 열등감의 경험은 상당히 머릿속에 깊게 기억이 될 수밖에 없다. 그렇다면 열등감의 원인은 어떠한 부분에서 기인하는 것일까?

- **열등감의 유형**

심리학자 중에서 열등감에 대한 탁월한 이론을 제시한 사람은 바로 알프레드 아들러Alfred Adler, 1870~1937였다. 천성적으로 약하고 키가 작은 빈약한 체격으로 태어난 그는 유난히도 어린 시절부터 잔병치레가 심했으며 특히 형들에 대한 열등감을 느끼고 있었다고 한다. 다행히 알프레드 아들러의 아버지가 꾸준히 격려를 해주었고 그런 힘을 받은 알프레드 아들러는 이후 훌륭한 심리학자로 성장하였다. 알프레드 아들러는 열등감을 연구하면서 열등감의 유형과 원인을 3가지로 분류하였다. 그 분류는 다음과 같다.

원인	의미
양육태만	부모가 부모로서 평균 이하의 역할과 기능을 하지 않는 것을 의미하며 아동에 대한 관심과 사랑이 빈약함으로 발생한다.
기관열등감	자신의 신체와 관련해서 불만족스러움으로 인한 열등감을 경험한다.
과잉보호	부모의 지나친 관심과 사랑으로 아동은 주도적인 성격을 형성하기보다는 의존적인 모습을 보인다.

[표 1. 열등감의 원인]

- 열등감에 대한 설명

알프레드 아들러가 파악한 열등감의 원인은 주로 부모의 양육방식과 관련이 있다. 즉, 부모가 적절한 관심과 사랑으로 아동을 양육하는지가 열등감의 높고 낮음을 좌우하게 된다. [표 1]에 제시한 열등감의 원인을 통해서 우리가 숙지해야 하는 부분은 아동들에 대한 부모님들의 관심과 사랑은 너무 많아도 문제이고 적어도 문제라는 것이다. 마치 메마른 화분에 적절한 수준의 물을 주듯이 아동들에 대한 부모님의 관심과 사랑도 일정 수준의 균형을 유지해야 한다. 부모님의 정서적 지지가 적당한 수준이면 아동들은 자기 주도적인 성격을 가질 수도 있고 반대로 부모님의 정서적 지지가 부족하거나 너무 과하다면 양육태만, 과잉보호 등으로 인해 열등감 수준이 높아질 수도 있다.

예를 들어 A 부모님은 B가 외동아들이기에 용돈도 다른 친구들보다 훨씬 많이 주었으며 B가 다른 친구들과 소소한 갈등이 생겨도 원인 소재 파악 없이 무조건 다른 친구들이 잘못이 있다고 생각하며 B의 편만 들어주었다. B가 추후 성인으로 성장하면 어떤 성인으로 성장하게 될까? 물론 사람의 성장이라는 것이 성장하면서 다양한 경험과 변화를 경험하겠지만 자기 자신만 생각하고 남의 입장은 덜 배려하는 성인으로 성장할 가능성이 클 것이다. A 부모님의 과한 사랑은 일종의 과잉보호로 영향을 주었기 때문이다.

Self Check 나의 부모님은 어떠한 양육패턴인가?

사람은 태어나면 부모님에 대한 기억을 먹고 산다고 한다. 즉, 부모님과 어린 시절 정서적 지지와 같은 긍정적인 경험의 유무가 그 사람의 건강성과 연결된다. 여러분의 부모님들은 관계와 양육의 경험을 제공했는지 생각해 본다.

✐ 여러분의 부모님은 어떠한 양육패턴을 보였는지 82페이지의 [표 1]을 보고 자신이 해당하는 것을 표에 기록해 보세요.

종류	기록하기	점수(10점)
양육태만		
기관열등감		
과잉보호		

※ 점수는 10점 만점에 몇 점으로 각 양육패턴을 보였는지 수치화하는 것이다.

관심과 흥미

본격적인 학령기 아동기가 되면 본격적인 공부를 하게 된다. 보통 초등학교에 입학하고 한 해 한 해 지나면서 아동들은 자신이 좋아하는 과목과 싫어하는 과목 또는 특정 활동과 분야에 대해 흥미를 보이게 된다. 이 시기를 긴즈버그Ginzberg는 진로 발달 이론의 환상기(Fantasy period) 시기로 긴즈버그가 설명한 진로 발달단계는 다음 [표 2]와 같다.

발달단계	진로 발달과업
환상기 (6세~11세)	이 시기는 직업 선택에 있어서 자기 능력이나 가능성과 현실 여건 등을 숙고하지 않고 아동이 관심을 갖는 분야에 흥미를 더욱 가치 있게 여기는 모습을 보인다.
잠정기 (11세~17세)	이 시기는 개인은 자신의 흥미나 적성에 따라 직업 선택을 하려는 패턴을 보이는 시기로서 이 시기의 후반부로 갈수록 자기 능력과 가치관 등의 주관적인 요인도 고려하지만, 구체적인 현실성을 보이지 않는 모습을 보인다.
현실기 (17세 이후 ~성인기)	이 시기는 17세 이후부터 성인기에 이르는 시기로서 자신이 원하는 대학의 전공이나 취업을 본격적으로 준비하는 현실과 자기 능력 여건을 고려해서 진로와 직업을 결정하고 고려하는 모습을 보인다.

[표 2. 긴즈버그 진로 발달단계]

[표 2]를 통해 이해할 수 있는 아동기 진로 발달단계는 환상기이다. 특히 학령기에 진입하는 아동기 시기는 다양한 방면과 분

야에 흥미를 보이게 된다. 아동들의 흥미와 관심은 아동들의 기질과 성격 특성에 따라 다양한 분야에 관심을 보일 수도 있고 그렇지 않을 수도 있다. 다양한 분야에 관심을 보인다면 심리 및 정서적 에너지 수준이 높다는 것을 의미하며 반대로 그렇지 않다면 에너지 수준이 적을 수 있다. 보통 이 시기에 아동들은 직접적으로 보이고 눈에 띄는 사물과 분야에 대한 관심을 두게 된다.

그렇기 때문에 아이들이 관심을 보이는 분야나 주제에 대하여 지속해서 경험하게 하고 이를 모니터링하는 것이 필요하다.

- 아동들의 흥미 촉진 방법

이 시기에 부모님들은 아동들이 다양한 경험과 활동을 할 수 있도록 지원하고 함께 아동들과 시간을 보내는 것이 중요한 시점이다. 물론 학업에서의 선행학습이라던가 학습에 대한 준비도 필요하겠지만, 아동들이 흥미를 느낄 수 있는 취미를 경험할 수 있도록 지원과 격려하는 것이 중요하다. 요즘에는 아동들이 인터넷으로 검색만 해도 다양한 취미 생활을 할 수 있도록 홈페이지나 여러 사이트, 유튜브 등을 통해 알아보거나 그에 대한 정보를 탐색할 수 있다.

예를 들어 아동들은 전국의 어린이 박물관 및 다양한 민간 체험 활동뿐 아니라, 청소년센터와 청소년문화센터 그리고 정부에서 운영하는 서울특별시 공공서비스 예약을 통해서 이들에게 적합한 문화 체험 및 교육 등도 할 수 있다.

- 흥미를 갖음으로써 얻게 되는 것

아동들이 일정 분야에 대한 관심과 흥미를 갖게 됨으로써 얻는 것은 무엇일까? 첫째, 아동들 자신의 특정 분야 수행 능력에 대한 신뢰감인 자기효능감의 형성이다.

자기효능감(Self-efficacy)은 특정한 상황에서 자신이 적합한 행동을 함으로써 원활하게 대처하거나 해결할 수 있다고 믿는 개인적인 신념을 의미한다. 아동들이 일정 분야에 흥미를 갖게 되면 지속적인 관심을 갖게 된다. 그리고 그 분야에 대한 여러 정보와 자료를 습득함으로써 보다 전문적인 지식을 갖게 된다. 예를 들어 아동들이 열대어를 키우는 것에 관심이 있다고 가정을 해 보자. 비록 처음 몇 달 동안은 아동들은 열대어를 키우는 것에 대해 경험 부족으로 어려움을 경험할 수 있다. 그러나 열대어를 키우는 다양한 방법을 습득하고 이를 적용해 봄으로써 어떤 방법이 최선인지 파악할 수 있을 것이다. 이와 같은 과정을 통해서 아동들은 열대어를 키우는 것에 대해 자신만의 노하우(Know-how)를 가지게 된다.

열대어를 키우는 노하우가 쌓이게 되면 그 아이는 열대어를 키우는 것에 대한 자기효능감, 즉 열대어를 잘 키울 수 있다는 자기 능력에 대한 믿음을 갖게 되는 것이다. 이러한 성공 경험은 향후에는 다른 어종을 키울 수 있다는 자기 능력에 대한 신뢰인 자기효능감을 느끼게 될 수 있다. 이렇게 형성된 자기효능감은 학업에 있어 효능감으로 이어질 수 있다.

둘째, 아이들의 취미 활동이 다양해지고 또한 누적될수록 이는 아동들에게 진로 선택과 그에 대해 준비하는 데 도움이 될 수 있다. 예를 들어 한 아동이 생물이나 과학에 관심과 흥미를 아동기부터 보였다면 다양한 식물과 생물을 키워보고 그 경험을 하나하나 기록함으로써 해당 분야에 대한 자신만의 견해와 지식을 갖게 될 수 있다. 개인 블로그나 유튜브에 공유하여 자신만의 포트폴리오를 만든다면 해당 분야에 자신의 인지도를 구축할 수 있으며 향후 청소년기 자아정체감을 형성하는데 그 밑바탕의 근원이 될 것이다.

- 균형 있는 활동

외국인들에게 비추어진 우리나라의 모습은 어떠할까? 여기에 대한 평가는 긍정과 부정의 평가로 분류가 될 수 있다. 전 세계적으로 국제적인 위용을 가진 케이팝(K-Pop)은 우리나라 대중문화의 발전과 잠재 가능성을 더 드높여 주었다. 그렇지만 현행 입시 위주의 교육 정책은 아동들의 집중력이나 암기와 같은 인지적 능력은 향상시킬 수 있지만 정서와 사회성과 같은 요인을 향상시키는 것에 한계가 있다는 것은 수년 전부터 해외 언론을 통해서도 비판을 받아온 부분이다.

아이들의 균형 있고 전인적인 성장을 위해서 도움이 되는 활동은 무엇이 있을까? 이에 대해 미국의 정신과 의사인 대니얼 시걸 Daniel J. Siegel과 신경과학 조직 컨설팅 분야의 전문가인 데이비드 록David Rock은 시각적인 이미지를 활용해서 '건강한 마음 접시(Healthy Mind Platter)'를 구상하였다.[10] 이 접시에는 뇌의 다양한 영역의 성장을 돕고, 아동들의 전인적인 성장을 도모하기 위해 아이들에게 필요한 일곱 가지 영역의 활동을 제시하였다. 이에 대한 설명은 다음과 같다.

10) 출처: 「예스 브레인」. 대니얼 시걸·티나 브라이슨 저. 안기순 역 (2019). 예스 브레인. 김영사. 재인용

- 집중 시간 : 목표 지향적인 방식으로 과제에 집중력 세밀하게 집중할 때 뇌에 깊은 연결성을 형성할 기회를 제공할 수 있다.
- 놀이 시간 : 자발성과 창의성을 발현하도록 하고 기발한 경험을 경험하면 뇌에 새로운 신경 세포막을 연결하고 형성하는데 용이하다.
- 유대 형성 시간 : 가족 등 아이들의 중요 지인과 직접적으로 대화를 하거나, 주위 자연환경과 유대를 형성할 수 있는 관계를 하는 것이다.
- 신체 활동 시간 : 몸을 움직이는 다양한 운동, 유산소 운동을 하는 시간을 마련한다.
- 몰입 시간 : 감각·이미지·감정·생각에 집중하면서 마음속으로 깊게 명상 등을 하는 시간을 갖는다.
- 휴식 시간 : 구체적인 목표를 구상하지 않고 과업에 집중하지 않는 상태를 유지하면서 마음과 정신을 단순히 휴식 상태에 이르게 한다.
- 수면 시간 : 뇌가 필요한 만큼 쉬게 하면 배운 것을 소화하고 그날 겪은 다양한 학습에 대해 수면을 통해 정리를 할 수 있다.

Special tip 균형 있는 취미 생활과 관심 분야 늘리기

* 아동들과 함께 자신이 좋아하는 취미나 여가 활동이 어떤 것이 있는지 점검하고 시간이 될 때 청소년센터, 청소년문화센터, 방과 후 교실 등을 이용해서 관련 분야의 수업이나 활동에 참여하는 것도 추천해 드립니다.

* 아동이 관심과 흥미를 보이는 분야나 주제는 어떠한가요? 무엇에 관심을 두는지 지켜보며 공감과 격려 어린 말을 해 주세요. 그렇게 되면 아동은 그 분야에 대한 자신의 실력을 향상시키기 위해 노력할 것입니다.

Self Check 우리 아이의 활동은?

다음 표는 보통 하루에 어떤 활동을 하는 데 시간을 소비하는지 기록하는 표입니다. 이 표에 하루 평균 활동하는 것에 대해 기록함으로써 아이가 시간을 어떻게 소비하는지 알 수가 있으며 앞으로 어떻게 시간을 보낼지 고려할 수 있을 것이다.

(예시)

주요 활동	하루 평균 소요 시간	아동의 반응
수면 시간	6시간	아동은 수면 시간이 충분하다고 말을 한다.
휴식 시간	2시간	아동은 휴식 시간이 적다고 불평했으며 그 이유를 엄마와 살펴본다.
몰입 시간	1시간	몰입하는 시간이 부족하며 아동 자신도 몰입할만한 활동을 갖고 싶어 한다.
신체 활동 시간	30분	최근 들어 신체 활동 시간이 부족해짐을 아동이 깨닫게 된다.
유대 형성 시간	30분	유대 형성의 시간이 아동에게는 적다고 말을 하였다.
놀이 시간	1시간	아동은 놀이 시간이 부족하다고 말을 했으며 그 이유를 의논해 본다.
집중 시간	1시간	집중 시간이 최근 들어 짧아지고 있음을 아동이 깨닫게 된다.

✐ 예시를 참고해 해당 내용을 기록해 보세요.

주요 활동	하루 평균 소요 시간	아동의 반응
수면 시간		
휴식 시간		
몰입 시간		
신체 활동 시간		
유대 형성 시간		
놀이 시간		
집중 시간		

자기효능감 향상하기

아동기에 접어들면서 아동들의 활동 무대는 이전의 유아기보다 더 다양해지고 넓어진다. 그만큼 아동의 수행 능력을 점검받는 일도 빈번하게 생기며 때로는 아동 자신의 한계도 인식하게 된다. 아동들이 경험하는 모든 영역에서 다 잘 해내면 좋겠지만, 사실 그러기는 쉽지 않다. 결국 성장을 위해 선행되어야 하는 것은 자신의 한계에 대해 명확히 알아가는 것이고 그 과정에서 자신의 장단점을 파악해야 한다. 어떤 아동은 운동에 점점 흥미를 갖게 될 수도 있으며 어떤 아동은 독서나 공부와 같은 활동에 관심을 보일 수도 있다.

다양한 맥락에서 아동들이 자신의 한계와 가능성을 경험할 때 자신의 자기 인식에 가장 중요한 것이 자기 능력의 믿는 능력, 바로 자기효능감(Self-efficacy)이다. 자기 효능감은 캐나다의 심리학자 앨버트 반두라Albert Bandura, 1925~2021가 제시한 개념이다.

- 자기효능감 향상법

아동기는 유아기보다 신체·정신·인지적인 면에서 성장을 보이며 타인의 의도를 이해하고 자기주장도 하는 모습을 볼 수 있다. 때로는 자신의 수행 능력을 다른 아동들과 비교하게 된다. 어떤 아동은 자신보다 잘하는 경우도 볼 수 있고 반대로 자신보다 더 못하는 아동들도 볼 수 있을 것이다. 이 시기에 자기효능감, 즉 자기 능력을 믿는 신념이 잘 형성된 아동은 다양한 분야에 도전하고 안정된 자기에 대한 개념을 인식할 수 있게 된다. 예를 들어 어떤 아동이 달리기에 자기효능감이 높다면 아주 중요한 대회에

출전할 때 자기 능력을 믿기 때문에 덜 긴장한 채로 달리기 대회에 임할 수 있다. 즉, 비록 처음에 시작은 경쟁자보다 느려도 자신의 속도와 능력에 대한 믿음이 있기에 견고한 안정감을 느끼고 끝까지 달리기 대회에 임할 수 있다.

자기효능감은 소소한 취미부터 다양한 수행 영역에서 큰 영향을 끼치게 된다. 자기 능력에 대한 믿음이 견고한 아동들이 공부나 기타 학업 및 여가 영역에서도 잘 수행할 것은 명백하기 때문이다. 유경훈(2011)의 연구에서 아동의 자기효능감은 수학, 영어, 국어 등의 주요 과목 성취에 직접적인 영향을 끼치는 것으로 나타났다. 즉, 국어를 자신이 잘한다고 생각하고 잘 해낼 수 있는 능력이 있다고 믿으면 그 아동은 국어의 수행 능력이 좋다는 것을 의미한다.

그렇다면 어떻게 우리는 자기효능감을 아동이 느끼게 할 수 있을까? 여기에는 언어적 설득, 대리적 경험, 생리 및 정서적 상태, 성취 경험 등이 해당한다. 먼저 언어적 설득은 쉽게 설명하자면 아동들이 수행하는 분야에 대해 격려와 칭찬의 말을 해주는 것이다. 대리적 경험은 타인의 행동을 직접 관찰하고 이를 모방하는 것이며 성공 경험은 작은 목표를 성취한 경험이며 생리 및 정서적 상태는 아동의 심리 및 정서적 상태를 의미한다.

- 언어적 설득(Verbal persuasion), 격려와 칭찬

부모들은 아동들이 수행하거나 작은 성취를 한 것에 칭찬과 격려를 해야 한다. 즉, 빈번하게 자신이 수행한 것과 가능성에 대해 칭찬과 격려를 들은 아동들이 그 칭찬으로 인해 잘하려는 모습을 보이게 된다. 예를 들어 민서라는 아이가 첫 영어 시험에서

60점을 받았고 그다음 시험에서 70점을 받았는데 잘했다는 격려와 칭찬을 받게 되면 다음에 더 잘해야겠다는 마음을 갖게 될 것이다. 반면에 겨우 10점밖에 오르지 않았냐고 부모로부터 핀잔을 들으면 더욱 주눅이 들 가능성이 커지며 부정적인 자기에 대한 이미지와 낮은 자기효능감을 느끼게 될 것이다. 비록 아동들의 성취가 희미한 수준이라 해도 지속적인 격려와 지지는 아이가 한 걸음 나아가는 시도로 이어지게 할 것이다.

- **대리적 경험**(Vicarious experience), **타인의 수행에 대한 관찰**

자기효능감 향상의 두 번째 부분은 대리적(간접적인) 경험이다.

대리적(간접적인) 경험은 다른 사람이 실행하는 것을 보고 그 사람의 성공과 실패를 직접 지켜보며 자신이 실행했던 방법과 비교를 해보면서 점검하는 것이다. 다른 용어로 모델링(Modeling)이라는 학문적 용어로 정의된다. 예를 들어 공부를 잘하는 예은이 모습에 자신도 잘해야 한다는 자극을 받은 기철이는 예은이의 공부 방법을 지켜보게 된다. 예은이의 공부법과 자신의 공부법을 비교하며 이전보다 더 효율적인 공부 방법을 기철이는 터득하게 될 수 있다. 이때 예은이의 공부 방법을 자세히 지켜보는 것이 일종의 대리적 경험이자 간접 경험이 된다.

야구에서 투수들도 자신보다 잘 던지는 선배 투수들의 투구 모습을 보면서 자기 투구 자세를 보완하면서 이전보다 정교한 투구 자세를 갖게 되는 것도 대리적 경험의 예가 될 수 있다.

- **생리·정서적 상태**(Physiological·emotional states)

아동의 생리적 상태(Physiological states)나 정서적 상태(Emotional states)의 경우 아동의 자기효능감을 어떻게 판단하는지에 영향을 줄 것이다. 예를 들어 민지가 최근 소진과 불안이 증폭됨에 따라 우울한 감정을 경험하였다. 민지가 경험하는 우울한 감정은 민지의 자신에 대한 자기효능감을 저하할 수 있다. 만약에 민지가 긍정적인 감정을 평소에 유지하고 자신을 잘 돌보는 활동을 꾸준히 해 왔을 경우, 돌보는 행동이 습관이 되어 자기 능력에 대한 그렇지 않은 아동들보다 좌절이나 예상 못 할 상황에 대처할 수 있으며 긍정적인 자기효능감의 형성에 영향을 줄 수 있다. 그렇기 때문에 아동이 가능하면 긍정적인 생리 및 정서적 상태를 유지하기 위한 부모님들의 관심이 필요하다.

- **성공 경험**(Enactive mastery experience)

성공 경험은 아동의 수준에 적합한 목표를 설정하고 목표를 성취해 나가는 과정이다. 가능하면 아동들의 성공 경험은 오랜 시간에 걸쳐 수행해야 확인할 수 있는 경우보다 단기간에 성취할 수 있는 경험을 지속해 하는 것이 적합하다. 단기간에 작은 성공 경험을 하게 되면 아동은 자기의 능력에 대한 확신의 마음과 함께 더욱 노력하고자 하는 자세를 갖게 될 수 있다. 예를 들어 철수가 영어 시험에서 보통 50점이 나온다고 가정해 보자. 다음 시험에서 영어 시험의 목표를 90점보다는 60점을 목표로 할 때 성취할 가능성이 높을 것이다. 비록 10점 오른 성적이지만 한 번 성취한 경험은 철수가 다음 시험에도 잘할 수 있다는 자신에 대한 믿음을 가질 수 있다. 반면에 90점을 목표로 했을 경우 목표가 높아서 10점 오른 것에 철수는 자기 능력에 대한 믿음이 낮아질 것이며 좌절할 수 있다. 그렇기 때문에 아동의 수준과 현실에 기반을 둔 목표설정이 중요하다. 작은 성취 경험을 반복적으로 경험하면 아동들은 자기효능감도 점진적으로 높아질 수 있다.

Special tip 자기효능감 키우는 방법

자기효능감은 일정 분야에 대한 자기 능력에 대한 믿음입니다. 자기 능력에 대한 믿음은 하루아침에 만들어지는 것이 아니라 부모님과 같은 중요한 정서적 지지를 해주는 사람들과의 지속적인 격려 속에서 향상될 수 있습니다. 다음 내용을 참고하면 아이들의 자기효능감을 향상할 수 있을 것입니다.

* 아동들에게 작은 성공 경험을 지속해 경험할 수 있도록 해 주세요(예: 거대한 목표보다는 작은 목표를 아이와 의논해서 정하고 성취할 경우 아동이 원하는 것을 제공하기)

* 아동들에게 지속적인 격려와 관심을 보여주세요. 격려는 아동들의 자신에 대한 존중감을 느끼게 합니다. 작은 성취 하나라도 격려해 주고 관심을 보여준다면 과거보다 긍정적인 자기상을 갖게 될 것입니다.

* 아동들이 관심 분야를 발견하였다면 그 분야의 유명한 사람들의 동영상을 보여주세요. 동영상 속의 모습을 통해 아이들은 자기 미래의 모습을 상상해 볼 수 있으며 성장에 대한 동기부여도 갖게 될 수 있습니다.

* 아동들의 긍정적인 경험을 유지할 수 있도록 아동들이 좋아하거나 관심 있는 취미나 활동을 하는 것도 추천합니다. 아동들이 관심을 갖는 활동에 참여하면 그 경험 속에서 유대 감정도 느끼게 될 것입니다(예: 주말에 여행 다녀오기).

Self Check 우리 아이 자기효능감은?

자기효능감을 향상하는 방법에는 총 4가지 요인이 있습니다. 첫째 성공 경험, 둘째 대리적 경험, 셋째 언어적 설득, 넷째 생리· 정서적 상태 등이 있습니다.

✐ 자기효능감의 4가지 요인과 연관해서 아동들이 4가지 요인에 대해 어떠한 경험이나 상황 속에 있는지 예시를 참고하고 기록해 보세요. 기록한 내용을 가지고 아동들과 이야기를 나누는 시간을 갖는 것도 아동들의 자기효능감에 대해 속마음을 들어볼 기회가 될 것입니다.

(예시)

자기효능감 향상 방법	해당 경험이나 상황을 기술하기
성공 경험 (소소한 작은 성공 경험 포함)	우리 아이는 작년에 글짓기 대회에서 우수상을 받았다.
대리경험 (아이가 관심을 보이는 분야에서 참고할 만한 사람이 있으면 그 부분을 기록)	남편이 블로그를 운영하는 것을 통해 아이도 글 쓰는 것에 관심을 두게 되었다.
언어적 설득 (아이에게 격려나 지지를 한 것을 기록)	나와 남편이 아이가 글을 쓸 때 격려와 지지를 해 주었다.
생리· 정서적 상태 (평상시 보이는 아이의 상태를 기록)	글을 쓸 때 편안하고 안정된 모습을 보인다.

✐ 아동의 자기효능감 관련된 4가지 방법에 대한 현재의 경험이나 상황을 기록해 보세요.

자기효능감 향상 방법	해당 경험이나 상황을 기술하기
성공 경험	
대리경험	
언어적 설득	
생리 정서적 상태	

기질 유형에 대한 이해

- 기질의 정의

기질(Temperament)은 유전에 의해서 선천적으로 타고나는 개인의 반응 성향을 의미한다. 어떤 아동은 식당에서 자기가 주문한 음식이 나오지 않으면 떼를 쓰는 모습을 보이기도 하고, 어떤 아동은 느긋하게 음식이 나올 때까지 기다리는 모습도 볼 수 있다. 이렇듯 인간은 제각기 다른 기질을 가지고 태어나는 데 이 기질은 부모의 기질로부터 영향을 받게 된다. 즉, 부모가 충동적이고 까다로운 반응 성향을 보인다면 아동들도 유사한 기질의 형태를 형성할 가능성이 높을 것이다.

- 아동의 기질 유형

아동들의 기질 유형과 관련해서 토마스[Thomas]와 체스[Chess1984]는 영아의 기질을 3가지 유형, 순한 기질, 까다로운 기질, 더딘 기질로 구분했으며 각 유형에 대한 설명은 다음과 같다.[11) 세 유형 중 어느 기질에도 포함되지 않는 아동들은 '평균적인 아이'라 부르며 세 가지의 기질을 혼합해서 소유한 것으로 나타났다.

---

11) 출처: Thomas, A., & Chess, S. (1984). Genesis and evaluation of behavior. From infancy to easy child life. American Journal of Psychiatry, 141, 1-9.

여러분의 아동들은 어떤 유형의 기질에 속하는가? 다음 표에 체크를 해보자.

유형	특징	체크
순한 기질 (Easy child)	수면, 음식 섭취, 배설 등 일상생활 영역에서 대체로 규칙적인 모습을 보이며 새로운 환경과 사람과의 만남에 있어서 적응적인 모습을 보인다. 약 40%의 아동들이 이 유형에 속한다.	
까다로운 기질 (Difficult child)	아동의 생활 습관이 불규칙하며 이에 대한 예측이 어렵고 자극이나 욕구좌절에 대한 반응이 강한 모습을 보인다. 낯선 사람에게 의심의 모습을 나타내며 새로운 환경에서 적응력이 낮다. 큰 소리로 울거나 웃는 등 그 반응 차이가 높은 편이고 약 10%의 아동이 해당한다.	
더딘 기질 (Slow to warm up child)	환경의 변화에 대한 적응력이 낮은 편이고 타인이나 사물에 대해 까탈진 모습을 보이는 점에서 까다로운 기질과 유사한 모습을 보인다. 활동 수준이 낮고 반응 강도 또한 약한 모습을 보인다. 수면 및 기타 생활 습관은 규칙적이고 약 15%의 아동이 이에 속한다.	

[표 3. 아동의 기질 유형]

- **부모의 기질 유형**

성인의 기질 유형과 관련해서 로버트 클로닝거Robert Cloninger 2004는 4가지의 기질 차원을 제시하였다. 4가지 기질 차원에 대한 설명은 다음의 [표 4]와 같다.

기질 유형	설명
자극 추구 (Novelty seeking)	새로운 자극에 의해 행동이 활성화되는 성향을 의미한다. 이 유형은 탐색적 흥분성, 무절제성, 자유분방한 모습과 열정적인 모습을 보인다.
위험 회피 (Harm avoidance)	위험한 자극에 의해 행동이 억제되는 경향성을 의미한다. 이 기질은 예기 불안(미래에 대한 불안), 불확실성에 대한 부담감, 수줍음과 피로 민감성으로 이뤄진다.
보상 의존성 (Reward dependence)	이 유형은 민감성, 즉 사회적 민감성을 의미하며 감수성, 따뜻한 의사소통, 애착과 의존성으로 구성된다. 이 유형이 강한 사람들은 동정심이 많으며 사회적이고 따뜻한 모습을 보인다.
인내심 (Persistance)	어떤 수행에 대한 대가가 없어도 자신이 수행한 행동을 지속해 유지하는 경향성을 의미한다. 이 기질은 인내심, 노력의 적극성, 야망과 완벽주의로 구성된다.

[표 4. 성인의 기질 유형]

- 아동의 기질과 부모의 기질

아동의 기질과 부모의 기질 및 양육 방식 간의 조화와 매칭은 아동의 성격 형성에 있어서 중요한 영향력을 끼치게 된다. 아동의 기질과 부모의 양육 방식이 잘 맞지 않는 경우가 발생하면 갈등이 발생할 수 있다. 예를 들어 아동은 에너지 수준이 높아서 여러 가지 활동을 한 번에 할 때, 부모님은 꼼꼼하고 높은 수준의 통제를 요구하는 경우가 부모님은 아동의 행동을 더욱 통제할 가능성이 높아질 것이다. 이에 따라 아동은 아동대로 스트레스를 받을 것이며 갈등 또한 심각해질 수 있다. 이러한 경우 부모님과 아동의 기질과 성격을 상호 간에 이해할수록 부모님은 이전보다 여유 있게 아동을 양육할 수 있다.

즉, 에너지 수준이 높은 아동의 특성과 장단점을 부모님이 이해하게 되면 이전보다 아동의 행동을 예측할 수 있기 때문에 여유있게 대처할 수 있다. 그리고 부모님 자신의 기질이 어떤 맥락에서 형성된 것이고 기질의 특성으로 인해 일상생활 속에서 나타나는 모습을 파악하면 자신의 장단점을 이해할 수 있게 된다. 그렇기 때문에 시간적 여유가 생기면 아동과 부모님의 기질을 상담센터를 통해 점검받는 것도 필요하다.

Special tip 우리 아이 기질 확인

* 아동들과 빈번한 갈등을 보이지 않는지요? 본격적으로 아동기에 들어서면 아동들은 본인의 성격과 기질을 보이게 됩니다. 이때 부모의 기질과 아동들의 기질 유형을 확인해 보는 것도 갈등을 예방하고 아동과 효율적인 소통에 도움이 됩니다.

* 집 근처의 상담 기관이나 센터를 통해 자신의 기질을 성격검사로 파악해 보세요. 부모 자신의 기질을 파악하는 것이 아동과 빈번한 갈등을 예방하고 효율적인 대처 전략을 수립하는 방법이 될 수 있습니다. 기질 관련 검사로 TCI 심리검사가 있습니다. 아동과 함께 검사를 실시하고 해석 상담을 받으면 아동과 나와의 갈등 지점을 이해할 수 있습니다.

* 상담 기관의 경우 아동 청소년 공공 상담 기관인 청소년 상담복지센터와 사설 상담센터 등을 내방하면 기질과 성격 관련 심리검사를 할 수 있습니다. 특히 지역 내에 위치한 청소년상담복지센터에서는 청소년 내담자에게 심리검사를 사설 상담센터보다 저렴한 비용으로 받을 수 있습니다.

Self Check 나의 기질 유형은?

실제 자기 기질을 점검해 보면 자신을 이해하는 데 도움이 됩니다.

✐ 다음 표에 자신이 해당하는 유사한 경향성에 체크해 보세요.

기질 유형	설명	체크
자극 추구 (Novelty seeking)	새로운 자극에 의해 행동이 활성화되는 성향을 의미한다. 이 유형은 탐색적 흥분성, 무절제성, 자유분방한 모습을 보인다.	
위험 회피 (Harm avoidance)	위험한 자극에 의해 행동이 억제되는 경향성을 의미한다. 이 기질은 예기 불안(미래에 대한 불안), 불확실성에 대한 부담감, 수줍음과 피로 민감성으로 이뤄진다.	
보상 의존성 (Reward dependence)	이 유형은 민감성, 즉 사회적 민감성을 의미하며 감수성, 따뜻한 의사소통, 애착과 의존성으로 구성된다. 이 유형이 강한 사람들은 동정심이 많으며 사회적이고 따뜻한 모습을 보인다.	
인내심 (Persistance)	어떤 수행에 대한 대가가 없어도 자신이 수행한 행동을 지속해 유지하는 경향성을 의미한다. 이 기질은 인내심, 노력의 적극성, 야망과 완벽주의로 구성된다.	

아동을 바라보는 내 생각

아동들이 본격적으로 성장을 하면서 부모들은 아동들의 다양한 모습을 보게 된다. 아동이 공부나 다양한 활동에 능숙하고 잘하는 모습을 보면 우리 아이 천재가 아닌가 하는 생각을 하는 부모들도 곧잘 볼 수 있다. 일반적으로 대부분 부모님은 우리 아이가 공부도 잘하고 사교성도 좋은 아이로 성장하길 바라는 것은 인지상정일 것이다. 아동 한 개인의 성격과 기질은 겨울에 내리는 각각의 눈 모양이 차이가 나듯이 아동의 성격과 기질, 그리고 수행능력 또한 차이를 보이기 마련이다.

일반적으로 아동들은 아직 사회화되지 않았기 때문에 순수한 마음을 갖추고 있다. 그러나 곧 아동들이 학교에 입학하고 여러 과목을 공부하고 활동하면서 자신의 가치나 존재를 학교에서 수행 능력을 통해 자신을 평가하게 된다. 그리고 자신을 가치 있게 여기는 자아존중감은 서서히 낮아지기 시작한다.

아동들이 본격적으로 학교에 다니기 시작한 것은 어머니의 품을 서서히 떠나가는 것을 의미하며 본격적으로 일정 수준에서 서서히 경쟁 사회의 일원으로 입문하게 된다.

또한 아동들이 초등학교 저학년에서 고학년의 시기로 접어들수록 아동들의 학업에 대한 부모님들의 불안과 부담감도 촉진되기 마련이다. 그러한 요인으로 인해 부모님들도 아동들의 입장과 시야가 아닌 부모님들의 기대치와 입장으로 아동들을 바라보게 되기 쉽다.

일반적으로 그러한 모습으로 대두되는 것은 아동들의 현재 모습과 부모님들이 아동들에게 기대하는 미래의 모습이 너무 차이가 클 경우 발생할 수 있다. 예를 들어 부모님은 아동이 의사가 되길 바라는 데 아동은 다른 분야의 직업을 준비하고 싶은 경우가 해당된다. 이러한 경우 부모님과 아동이 원하는 부분을 서로 조율하고 각각의 장단점을 점검해 보는 것이 필요하다.

- 고정형 사고방식과 성장형 사고방식

스탠퍼드 대학교의 저명한 심리학자인 캐럴 드웩Carol Dweck, 1946은 부모로서 아동들의 성장에 대한 태도를 두 가지로 설명하고 있다.

하나는 '고정 마인드(Fixed mindset)'와 '성장 마인드(Growth mindset)'이다. 고정 마인드 상태에 있을 때 아동들은 자신의 재능과 능력이 '변하기 어렵고 고정되어 있다는 생각'에 더 무게를 갖게 되는 상태이다. 이 유형의 아동들은 자신이 아무리 노력하고 최선을 다한다 해도 자신의 실력은 개선되기 어렵다고 생각하게 된다. 예를 들어 민호라는 아이가 이번 중간고사에서 지난 기말고사 시험보다 10점이 떨어졌다. 고정 마인드 상태에 있게 될 때 민호는 자신의 실력은 현재의 상태이며 더 이상 개선될 여지가 없다고 생각하는 것이 그 예가 될 수 있다.

반면에 성장 마인드 상태의 아동은 자신의 재능과 실력이 향후 개선이 될 수 있으며 현재보다 실력을 끌어올릴 수 있다고 생각한다. 조금 전에 민호의 예에서 민호가 만약 성장 마인드 상태에 있다면 민호는 비록 시험에서 점수가 하락했지만, 다음 시험에서는 좀 더 높은 실력을 쌓기 위한 구체적인 공부 방법과 개선의 노력을 하게 될 것이다.

우리가 알고 있는 위인들의 경우 어린 시절에 자신의 분야에 전념하며 성장을 할 수 있던 배경에는 성장 마인드의 생각을 하고 있었던 부모님들의 지원과 격려가 한몫했다. 이순신, 이이, 한석봉의 어머니는 자기 자녀들이 먼 훗날 성장과 발전을 할 수 있다는 신념을 갖고 있었기에 이들을 훌륭한 군인으로, 정치가로, 서예가로 성장을 시킬 수 있었다.

- **부모로서 우리**

아동기가 깊어져 갈수록 아동들도 학교와 친구들과의 관계를 통해서 자신의 수행 능력에 대한 평가를 듣거나 점검을 할 수 있다. 이때 아동들이 위에서 언급한 두 가지 마인드 상태 중 어떤 마인드 상태를 갖추게 될지의 성패는 바로 부모의 가치관이나 기질 등 여러 요인과 관련이 있다. 바람직한 것은 부모 먼저 성장 마인드의 사고를 갖추어야 할 것이다. 반면에 부모가 고정 마인드 상태를 갖고 아동을 바라본다면 아동이 갖고 있는 다양한 가능성을 펼칠 기회를 제한하게 될 것이다.

캐럴 드웩 교수의 연구에서도 비슷하게 서로 출발해도 자기 노력의 유무에 따라 '지능은 변한다'고 여기는 학생들이 자기 머리 탓을 하면서 '지능은 변하지 않는다'고 믿는 학생들보다 더 좋은 성장과 발전을 이룬다고 보고하였다. 한 치 앞도 모를 정도로 사회적 변화가 빠른 시기다. 아동의 지능은 변화가 가능하고 노력의 여하에 따라 발전 가능하다는 성장 마인드의 생각을 갖출 수 있도록 조력하는 것이 무엇보다 중요하다고 본다.

Special tip 성장형 사고를 갖는 방법

* 아동들이 비록 성장과 발전이 늦더라도 격려를 해주고 실수와 역경을 또 다른 기회로 여길 수 있도록 설명해 줄 때 아동들은 성장 마인드를 갖출 가능성이 커집니다.

* 아동들이 성장형 사고를 할 수 있도록 아동들의 작은 성취에 지지해 주고 격려를 해주는 것이 필요합니다.

* 아동들의 장점이 명확히 파악되지 않고 불분명해도 가능성을 품은 존재로 양육해 주세요. 부모님의 선한 기대와 의도를 알게 된 아동들은 자신에 대한 가치감을 느끼고 미래를 준비할 것입니다.

- 부모와 떨어진다는 것

아동기 이전에 아동들은 대부분의 시간을 부모님과 집에서 시간을 보내거나 또는 부모님이 맞벌이하게 되면 상황에 따라 조부모님이나 육아 도우미가 양육을 대신하게 되는 것이 현실이다.

집은 학교에 다니기 전까지 아동들의 전인적인 성장과 발전을 위해 베이스캠프로서 기본적인 기능을 하게 된다. 아동들의 신체적 발육과 인지적 성숙이 더해지면서 서서히 동네 유치원을 다니며 사회성을 발전시키고 이 경험은 학교에서 적응을 위한 발판의 시간이 된다.

- 학교에 간다는 것

아동들이 학교에 입학하는 것은 어떤 사건으로 아동들에게 기억이 될까? 학교 입학 전에 어린이집에서 활동은 다양한 체험과 기본적인 교육 정도가 이루어졌다. 그러나 아동들이 초등학교에 입학하고 적응하는 것은 이전에 어린이집에서의 생활과는 다른 차원의 경험을 하게 되고 여러 능력을 요구하게 된다.

학교에 막 입학을 한 초등학교 1학년 아동들은 수업이 시작되면 40분간 자리에 앉아서 공부에 집중하는 것이 요구된다. 어떤 아동들은 이 규칙에 익숙해지는 것이 너무나 힘이 들어서 울거나 적응에 어려움을 보이곤 한다. 또 다른 예로 분리불안(Separation Anxiety)을 보일 수 있다. 이 증상은 주요 양육자와 떨어져 있는 것에 대한 불안이 다른 아동들과 비교해 심해져서 학교생활과 같은 일상생활에 막대한 지장을 주는 것을 말한다. 분리불안이 심해져서 병원에 가면 분리불안 장애(Separation Anxiety Disorder)로 진단받기도 한다. 분리불안 장애의 유병률은 4% 정도이며 대개 7~8세 경에 빈번하게 보이게 된다.

- 학교 부적응과 코로나

초등학교에 입학하게 되면 아동은 아동대로 학교생활 적응에 어려움을 보일 수 있다. 그리고 부모님은 부모님대로 아동의 적응에 초점이 가게 되며 아동들의 학교 수업이 끝나는 시간에 맞춰 학교 교문 앞에서 대기하는 모습을 심심찮게 볼 수 있다. 특히 최근 3년간 코로나의 발생은 아동들 역시 잊을 수 없는 순간으로 기억이 되었다. 코로나 기간이 길어지면서 아동들은 디지털 미디어에 대한 의존이 증가했고 집에 장시간 있으므로 인해 다른 가족 구성원들 간의 갈등도 증가하였다. 지속해서 반복되는 코로나 속에서 코로나가 언제 종식될지 모른다는 불확실성이 아동들의 일상의 생활 리듬을 유지하는 것에 어려움을 겪게 하였다.

- 아동들 상담에 대한 부분

아동기는 이전의 유아기보다 활동 영역이 넓어지고 다양한 친구들과 만나게 되고 또한 초등학교에 입학해서 본격적인 공부와 학습을 해야 하므로 다양한 스트레스를 경험할 수 있다. 일부의 아동들은 학교 부적응을 경험할 수 있다. 학교 적응에 어려움을 보이는 아동들에 대한 상담은 학교 상담실을 활용하는 것이다.

학교에는 위클래스(Wee Class)라는 상담실이 배치되어 있다.

위클래스는 초·중·고의 학교마다 설립이 되어 있으며, 이곳에는 전문상담교사나 전문상담사가 초등학교 학생 상담을 지원하고 있다. 전문상담교사는 임용고시에 합격하고 교육부 소속의 국가자격인 전문상담교사 자격증을 취득한 상담사를 말한다. 또한 전문상담사는 상담 관련 대학원을 졸업하고 관련 주요 학회나(상담심리학회, 상담학회) 청소년 상담사 자격증을 취득하고 상담사로 근무하는 전문가를 말한다. 아동들의 학교 부적응이나 양육에 있어서 고민이 발생하면 위클래스를 이용할 것을 추천해 드린다.

이외에 국가 공공 기관 상담센터로는 청소년 상담복지센터가 있다. 청소년 상담복지센터는 각 지역의 시군구에 배치된 공공 상담센터로 이곳을 통해 아동 및 청소년에게 다양한 종류의 심리 상담을 무료로 지원하고 있다.

청소년 상담복지센터[12]에서는 개인 심리 상담뿐만 아니라 미술 및 놀이치료와 사이버 상담도 지원을 해주기 때문에 학부모들이 자녀들의 다양한 심리·정서적 고민의 문제를 효율적으로 도움을 받을 수 있다. 한 가지 유의할 사항은 청소년 상담복지센터의 경우 한 지역의 아동을 비롯한 청소년 상담을 지원하기 때문에 상담을 받으려는 지원자가 많아서 상담에 대기가 발생할 수 있다. 이에 대한 대안으로 일부 학부모들은 사설 상담센터를 활용하는 경우도 증가하고 있다. 사설 상담센터를 이용할 경우 일정 수준 이상의 비용이 든다는 것이 단점이지만, 아동의 민감한 정보를 학교 교사를 비롯한 담당자들에게 알리고 싶지 않을 경우 학교로 아동 관련 정보가 흘러가는 것을 막을 수 있다는 장점이 있다. 사설 상담센터에서 상담받을 경우 그곳 상담사들이 어떠한 경험과 훈련을 받았는지도 확인해야 한다.

12) 출처 : https://www.teen1318.or.kr(서울시청소년상담복지센터)

학력에 대한 부분	심리상담 관련 대학원 석사 과정에 대해 최소한 졸업의 여부를 확인한다(상담심리, 심리상담, 교육상담 등의 학위 취득).
수련에 대한 부분	대학교 학생 상담센터나 사설 상담센터를 통한 인턴이나 레지던트 등 수련 및 훈련 이수 유무를 확인한다.
경력에 대한 부분	이전 상담의 경력 유무를 확인한다.
상담사 자격증의 부분	공인된 학회나 국가 상담 자격 취득 유무를 확인한다(학회의 경우 상담학회의 전문상담사, 상담심리학회의 상담심리사 등 국가 공인 자격의 경우 청소년 상담사, 직업상담사, 임상심리사 등).

[표 5. 심리상담사 주요 자격 및 학력에 대한 정보]

[표 5]의 내용을 간단히 설명하면 학력의 경우 상담사들은 대부분 심리상담 관련 석사학위를 취득하고 있다. 수련에 있어서는 학회 상담사 자격을 취득하기 위해서 상담전문가가 운영하는 상담센터에서 상담 관련 수련을 받는 것을 의미한다. 또한 경력은 상담과 관련된 경력을 의미하며 상담사 자격증은 최소한 사설 상담센터에서 활동 중인 상담사들이 취득한 주요 자격증이다. 특히 상담 자격증의 경우[표 5]에서 제외된 유사 상담 관련 자격증은 충분한 수련과 훈련 없이 취득한 자격증이기에 필수적으로 확인해 보아야 한다.

이와 같은 정보들은 대개 사설 상담센터의 상담사 프로필에 제시가 되어 있으며 명확하게 상담사에 대한 훈련 및 개인 사항에 대한 객관적인 정보를 제공하는 상담센터를 이용하는 것을 추천한다.

우리 아이 공부

- 초등학교와 중학교 사이에서

아동들이 초등학교 저학년에서 고학년으로 올라갈수록 다양한 과목을 공부해야 하고 공부의 양은 많아진다. 이 시기에는 특히 학부모들이 아동들의 성적과 특정 과목과 분야에서 적성과 재능을 보이는지 궁금해지기 시작한다. 과거 학력고사 시절이나 수능 초기 시절 공부는 단순히 이과 대 문과의 분류, 전문계 고교 진학(공고, 농고 등)과 인문계 고등학교 진학 등으로 구분이 되어 있었다. 그렇기 때문에 학부모나 학생이 입시에 대한 이해와 준비가 충분하지 않아도 요즘보다는 입시를 준비하는 데 학생들과 부모님의 어려움이 덜했다. 하지만 현재 다양한 중학교가 개설되었다. 중학교의 경우 우리가 알고 있는 일반 중학교에서부터 국제중학교와 예술중학교, 특정 분야에서 재능이 있는 학생들의 전문성 함양을 위해서 고안된 특수목적중학교까지 다양하게 개설되어 있다.

중학교 종류는 고등학교처럼 전공이나 분야의 특수성이 반영된 세분화 정도는 떨어진다. 다만 현재 중학교에는 특성화 중학교가 있으며 특성화 중학교의 전공 특수성이 반영된 분야로 아동들이 진로 관심과 흥미를 보인다면 그에 따른 입학과 준비도 고려할 만한 부분이다.

- 초등학교 시기의 진로 발달

초등학교 시기의 진로 발달은 환상기(4세~10세)의 시기를 거쳐서 흥미기(11세~12세)와 능력기(13세~14세)의 시기를 거쳐서 성장하게 된다. 환상기는 우연찮은 막연한 환상이 진로에 대한 관심을 두게 하는 것이다. 예를 들어 4세에서 10세 시기의 아동들에게 성장해서 무엇이 되고 싶냐고 물으면 '공주'와 '왕자' 등의 막연한 환상적인 대답을 하는 것을 볼 수 있다.

이 시기를 거쳐서 11세에서 12세가 되면 자신의 관심사나 우연히 흥미를 갖게 된 분야를 탐색하게 되고 13세에서 14세가 되면 자기 능력에 대한 개념과 수준을 파악하게 된다. TV를 통해 보게 된 연예인이나 스포츠 스타가 좋아지면서 11세와 12세 아이들은 해당 분야에 흥미를 갖게 되고 그 연예인이나 스포츠 스타의 분야에 대한 정보를 얻고 관련 정보를 수집하는 것이 해당한다. 그리고 보다 광범위해진 활동 영역에서 자신의 수행 능력을 지각하게 된다.

- 그 시작은 강점 찾기부터

저명한 긍정심리학자인 마틴 셀리그먼[Martin Seligman, 1942]은 사람들이 자신의 단점에 집중하기보다는 강점에 집중해야 하고 발전시키는 것이 효과적이라는 것을 설명한다. 예를 들어 민호라는 아동이 비록 학업 성적은 좋지 않지만, 축구와 농구 등 다양한 운동에 두각을 보인다면 축구와 농구를 잘하는 것을 더욱 강점으로 격려를 해 주고, 지도해야 하는 것을 의미한다. 자신의 장단점을 서서히 알게 되는 이 시기의 아동들에게 단점보다는 장점을 인식하도록 함으로써 긍정적인 자기상(Self image)을 갖게 하는 데 용이하다. 즉, 자신이 잘하는 것에 대해 칭찬과 격려를 받은 아동들은 '나는 이런 것을 잘하는구나!' 하는 자기 인식을 하게 되며 자신에 대해 스스로 긍정적인 감정으로 인식할 수 있다.

즉, 칭찬과 격려는 고스란히 아동들의 자아존중감과 자기효능감과 같은 심리적 자산을 갖도록 할 수 있다.

- 하워드 가드너의 다중지능이론을 통한 이해

아동들의 다양한 강점을 확인할 수 있는 지능이론 중에 하워드 가드너Howard Gardner, 1943가 고안한 다중지능이론이 있다. 하워드 가드너 이전까지 지능은 한 가지 혹은 두 가지와 세 가지의 요인으로 구성이 되었다고 보았다. 하지만 하워드 가드너는 지능이 단순히 한 두 분야에만 국한되는 것이 아니라 다양한 영역의 지능이 현존한다고 설명하였다. 그가 구성한 지능의 요인은 총 8가지이며 사람은 저마다 타고난 소질과 자원이 있다고 설명하였다.

물론 최근에 몇 가지 요인이 추가되었다.

다음[표 6]은 하워드 가드너의 다중지능이론에 대한 내용으로 여러분의 아이들은 다음 표 중에서 어떤 지능에 현재 관심과 흥미를 보이는가? 중요한 것은 아동기는 아직 환상과 흥미라는 틀 안에서 관심을 두거나 자신의 선호 경향을 드러내 보이기 때문에 진로에 대한 결정이나 선택의 관점보다는 다양한 영역에서 좋은 경험을 하도록 배려하는 것이 중요한 부분이다.

지능 요인	내용
논리 수학적 지능	논리적 또는 수학적 형태에 대한 민감성과 구분 능력, 연쇄적 추리와 논리를 다루는 능력(수학자, 과학자, 프로그래머 등)
언어적 지능	단어의 소리와 리듬 그리고 의미에 대한 민감성, 언어의 다양한 기능에 대한 민감성을 다루는 능력(작가, 언론인 등)
대인 간 지능	타인의 기분, 기질과 동기와 욕구를 구분하고 이에 대해 반응하는 능력(세일즈맨, 심리상담사, 정치가 등)
음악적 지능	음악적 리듬, 가락, 음색을 내고 음악에 대해 감상하고 향유하는 능력, 음악적 표현과 형태에 대한 감상의 부분(작곡가, 지휘가, 연주자 등)
자연탐구 지능	자연현상에 대한 유형을 구분하고 규정하는 능력과 기후 형태의 변화에 대한 민감성의 능력(원예가, 생물학자, 여행가 등)
개인이해 지능	자신의 감정을 잘 인지하고 감정의 차이를 구분하고 활용하는 능력(철학자, 신학자 등)
신체/운동적 지능	자기 신체 움직임을 조정하며 운동 및 경기에 관한 사물을 숙련성 있게 다루는 능력(무용가, 운동선수, 배우 등)
공간적 지능	넓은 공간 또는 갇힌 공간에서 공간적 형태에 대한 인식과 이에 대한 조정 능력(비행기 조종사, 항해사 등)

[표 6. 하워드 가드너의 다중지능이론]

- 아동들의 강점 인식해 주기

초등학교 시기에는 보통 아동들이 좋아하는 분야와 주제에 관해 관심이 있는지 학부모들이 파악하고 있는 것이 중요하다. 유용한 방법으로서 초등학교 1학년 때부터 초등학교 6학년까지 아동의 중요한 일대기를 내러티브(Narrative) 형식으로 기록해 보는 것이다. 현재 입시에서 중요하게 살펴보는 것 중 하나가 어린 시절부터 학생이 일관되게 진로를 주도적으로 설정하고 준비했는지에 대한 부분이다.

그렇기 때문에 아동들이 초등학교 때부터 다양한 진로 관련 체험이나 활동에 참여하는 것도 중요하지만 그러한 활동을 기록하는 것도 중요하다. 예를 들어 컴퓨터 바탕화면에 문서 작성 프로그램을 이용하여 초1부터 초6까지 아이의 연대기별 주요 관심사나 흥미, 상을 받은 것이 있다면 일종의 진로 기록일지 형식으로 작성해 두자. 아동들이 학년이 올라갈수록 그동안 경험했던 진로 기록 일지를 확인하게 되면 내용을 보면서 자신이 관심을 두거나 흥미 있는 분야에 대한 애정이 더 해 갈 것이다. 또한 공통된 진로에 대한 주제를 아동들과 학부모들이 파악함으로써 향후 중학교와 고등학교 선택에 대한 유용한 자료가 될 것이다.

Self Check 나의 원가족과 배우자 가족 구성원의 진로 점검하기

아동들의 진로 선택이나 결정도 가족 내에 대대로 내려오는 진로에 관한 생각이나 가치관이 영향을 줄 수 있습니다. 가족 구성원의 진로와 직업에 관한 내용을 작성해 보는 작업은 한 가족의 진로에 대한 가치관과 경향성을 점검할 수 있는 시간이 될 것입니다.

(예시)

✐ 나의 원가족에 대한 정보를 기록해 보세요.

주요 가족 구성원	최종 학력	직업
아버지	고등학교 졸업	농업
어머니	초등학교 졸업	농업
남동생	대학원 졸업	컴퓨터 관련 사업

※ 원가족 진로 가치관은 아버지, 남동생이 농업과 컴퓨터 관련 사업을 하고 있는데, 이 직업은 현실적이고 기계와 손을 활용하는 것에 공통점이 있다.

✏ 나의 원가족에 대한 정보를 기록해 보세요.

주요 가족 구성원	최종 학력	직업

✏ 나의 배우자 가족에 대한 정보를 기록해 보세요.

주요 가족 구성원	최종 학력	직업

Self Check 우리 아이 진로 이야기(내러티브) 작성하기

사람의 삶은 일정한 꿈과 희망의 이야기를 품고 사는 존재입니다. 여러분의 자녀들을 생각해 보면 진로 관련해서 특정 경험의 이야기가 떠오르나요? 초등학교 시절 동안 아이들이 관심을 보인 주제나 관련된 분야를 기록해 보세요. 6년간 아이들에 대해 기록하고 어떤 분야나 주제를 좋아하는지를 이해할 수 있을 것입니다.

(예시)

시기	관심을 보인 주제나 분야 관련 이야기(내러티브) 제시하기
초등학교 1학년	아이가 사슴벌레를 보면 조금씩 관심을 보이기 시작한다.
초등학교 2학년	사슴벌레 외에 장수풍뎅이를 좋아하기 시작했다.
초등학교 3학년	사슴벌레 등 다양한 곤충들의 차이점을 책으로 이해하기 시작했다.
초등학교 4학년	곤충 이외에 다른 동물들에 관해 관심을 두기 시작했다.
초등학교 5학년	사슴벌레와 장수풍뎅이를 키우기 시작했다.
초등학교 6학년	키우던 곤충의 특성을 기록하기 시작했다.

✐ 다음 표에 초등학교 시기 기록해 보세요.

시기	관심을 보인 주제나 분야 관련 이야기(내러티브) 제시하기
초등학교 1학년	
초등학교 2학년	
초등학교 3학년	
초등학교 4학년	
초등학교 5학년	
초등학교 6학년	

✐ 다음 표에 중·고등학교 시기 기록해 보세요.

시기	관심을 보인 주제나 분야 관련 이야기(내러티브) 제시하기
중학교 1학년	
중학교 2학년	
중학교 3학년	
고등학교 1학년	
고등학교 2학년	
고등학교 3학년	

행복 사진첩 갖게 해 주기

- 행복 사진첩

상담학 이론 중 현실치료(Reality therapy)에서는 한 개인이 자신의 내적 욕구를 충족시키기 위하여 머릿속에 일종의 그림이나 사진첩을 만들어 낸다고 한다. 여기서 사진첩이나 그림은 일종의 기억을 의미하며 자신의 욕구가 만족이 될 때 함께 했던 사람들, 물체, 사건에 대한 내용이 해당한다. 또한 자신이 원하는 삶, 함께 하고 싶은 사람들, 갖고 싶은 물건이나 경험들, 가치 있게 간주하는 생각과 신념들에 대한 심상을 의미한다. 각각의 기억과 이미지들은 윌리엄 글래서William Glasser, 1925~2013가 '좋은 세계(Quality World)'라고 지칭한 내면의 세계에 보관한다. 좋은 세계 안에는 우리 행동의 기본 욕구인 생존, 사랑과 소속, 힘, 자유, 즐거움 등의 욕구에 의해 더욱 좋은 세계를 고안하는 동력이 된다.

예를 들어 나의 경우 할아버지가 나를 무척 아껴 주셨다. 할아버지께서 집 근처에 나무를 심거나 내가 좋아하는 것을 만들어 주고 아껴 주던 기억들이 오랜 장기기억 속에 저장되어 있다. 그래서 힘이 들거나 할 때, 할아버지가 아껴 주시던 기억과 추억들을 꺼내어서 그 시절을 회상함으로써 힘을 얻곤 한다. 할아버지와 함께한 시간이 내게는 행복 사진첩이라 볼 수 있다.

또 다른 행복 사진첩의 예는 대학교 시절 군 복학 전의 어학연수 경험이었다. 비록 5개월 남짓한 시간이었지만, 호주에서 함께 했던 다양한 국적의 친구들과 영어를 말하고 우정을 나누던 시간은 너무나 행복한 시간이었다. 또한 그 넓은 호주라는 대륙

이 제공하는 고즈넉한 주위 풍경과 바다가 자연스럽게 아우러진 자연경관은 호주 생활에서의 외로움을 달래는데 충분했다.

기본 욕구	내용
사랑과 소속의 욕구	이 욕구는 다른 사람들과 사랑하고 나누고 함께 하고자 하는 욕구의 속성을 의미한다. 예를 들어 결혼하여 자기 가족을 이루는 것, 친구를 사귀는 것, 또래에 속하고 싶어 하는 것 등이 포함된다.
힘과 성취의 욕구	이 욕구는 경쟁하고 성취하고 중요한 존재로 인정받고 싶어 하는 욕구의 속성을 의미한다. 예를 들어 학생들과 직장인은 좋은 성적과 승진을 하게 될 때 성취감을 경험할 것이다.
자유의 욕구	이 욕구는 자율적인 존재로 자유롭게 선택하고 행동하고자 하는 욕구이다. 예를 들어 자신이 살기를 원하는 곳을 선택하고 중요한 사항에 대해 스스로 결정하는 것과 관련된다.
즐거움의 욕구	새로운 것을 배우고 다양한 활동을 통해 즐기고자 하는 속성의 욕구를 의미한다. 예를 들어 암벽타기, 자동차 경주 등이 포함된다.
생존의 욕구	의식주를 비롯하여 개인의 생존과 안전을 위한 신체적인 욕구를 의미한다. 예를 들어 먹고 마시고 휴식하고 신체적으로 편안한 것 등 자신을 돌보는 것과 관련되는 삶의 필수적 요인이다.

[표 7. 사람의 기본 욕구]

- 좋은 추억은 비타민으로

윌리엄 글래서는 한 개인은 자신이 이상적으로 여기고 욕구를 채울 수 있는 자신만의 좋은 세계, 즉 사진첩을 선택할 수 있다고 설명하였다. 각 개인은 자신의 마음속에 있는 이상적 세계에 존재하는 심상과 욕구를 분명하게 인식할수록 더 자신에게 적합하고 부합되는 선택을 할 수 있다. 이에 따라 자기 삶에 대한 통제력이 점차 늘어나며 보다 성공적으로 자신이 원하는 욕구를 충족시킬 수 있다.

사랑도 사랑을 해 본 사람이 할 수 있듯이 삶에 대해 즐기고 명확하게 자기 인식을 하는 것도 어린 시절에 경험해 본 사람이 성인이 되어서도 자신의 욕구와 원하는 바(Want)를 인식할 수 있다. 예를 들어 기철이는 어린 시절부터 부모님과 함께 캠핑도 가고 좋은 책도 읽어보고 서로 이야기하는 시간을 가졌다. 반면에 영지라는 아이는 부모님이 공부와 학업에만 관심을 두고 있었고 영지에게 있어서 놀이와 추억 만들기는 일종의 사치로 느끼게 되었다.

이 두 아동 중 어떤 아동이 성장한 뒤 좋은 추억을 갖게 되고 좋은 내면세계를 갖게 될까? 전자인 기철이는 어린 시절부터 부모님과 다양한 활동과 행복한 시간의 경험을 공유했다. 그 경험 안에서 사랑과 소속, 자유와 즐거움의 욕구가 충족된 것이며, 기철이는 성인이 되어서도 자신의 삶을 즐기고 좋은 추억을 만드는 것이 가능할 것이다.

Special tip 행복 사진첩 만들기

* 아이와 가족들이 함께 공유하고 즐길 수 있는 취미와 활동을 구성해 보세요.

* 우리 아이는 어떤 욕구가 가장 높은지 점검 해 보세요.

(1) 방법

① 큰 전지와 기타 다양한 그리기 도구를 준비한다.

② 한 달이나 주기별로 가정 내에 있었던 여러 사건과 경험을 글, 그림, 사진으로 가족 블로그, SNS를 통해 기록한다. 일종의 가족 행복 사진첩이 된다.

③ 한 해를 마무리하는 시점에 그동안 기록하고 만들었던 행복 사진첩의 추억을 공유한다.

* 아동들과 함께, 한 해 가족 버킷 리스트를 만들고 그 리스트에 제시된 활동을 실천하면서 사진도 찍고 기록합니다. 가족 간의 좋은 추억과 행복감, 긍정적인 관계도 유지할 수 있을 것입니다.

Self Check 아동과 나의 기본 욕구 점수는?

사람들은 저마다 각자의 고유적인 성격과 모습을 갖고 태어난다. 비록 부모와 아동이 유전적으로 어느 정도 일치하는 부분도 있지만, 서로 간에 차이점도 존재한다. 여러분의 자녀들과 여러분의 욕구에 있어서 차이점과 공통점을 점검하면 서로를 이해하는 데 도움이 될 것입니다.

✎ 아동과 나의 기본 욕구에 대한 점수를 작성하고 서로 간에 차이를 살펴보세요.

기본 욕구	내용	나/아이 (10점)
사랑과 소속의 욕구	이 욕구는 다른 사람들과 교류하고 동행하는 욕구이다.	/
힘과 성취의 욕구	이 욕구는 경쟁하고 성취하고 중요한 존재로 인정받고 싶어 하는 욕구이다.	/
자유의 욕구	이 욕구는 자율적인 존재로 자유롭게 선택하고 행동하고자 하는 욕구이다.	/
즐거움의 욕구	이 욕구는 많은 새로운 것을 배우고 놀이를 통해 즐기고자 하는 욕구이다.	/
생존의 욕구	이 욕구는 의식주를 비롯하여 개인의 생존과 안전을 유지하기 위한 욕구이다.	/

※ 점수가 높을수록 해당 욕구가 높음을 의미한다.

올바른 공부법

아동들이 초등학교 저학년에서 고학년으로 올라갈수록 배워야 할 것이 점차 증가하는 것을 우리는 볼 수 있다. 이 말은 아동들에게 있어서 초등학교 생활 동안 공부의 양과 수준은 해가 갈수록 어려워지고 해야 할 것 또한 증가하는 것을 말한다. 그렇다면 공부의 양이 증가하는 아동들에게 부모로서, 지도자로서 어떻게 관리해야 하고 아동들은 공부에 대해 어떻게 효율적으로 학습을 수행할 수 있을까? 이번에는 아동들의 학습에 있어서 알고 있어야 하는 공부 방법 몇 가지를 제시하고자 한다.

- 간단 테스트 하기

학부 시절, 영어학이 전공이던 나는 토익을 준비하기 위해 유명한 어학원을 다니게 되었다. 당시 토익 강사 선생님 한 분은 수업 시간마다 지난 시간에 배운 내용에 대해 일종의 쪽지 시험을 보게 하였다. 신기하게도 그 시험을 통해 지난 시간에 배운 것 중 내가 이해하는 것과 부족한 부분을 명확히 알게 되었다.

마치 내가 영문법에서 어떤 파트를 더 알고 어떤 파트는 취약한지 나의 영문법 실력에 대한 객관적 조망을 해 주는 경험을 할 수 있었다. 이를 두고 심리학에서는 메타 인지(Meta cognition)라 하며 '생각에 대한 생각'이라는 의미이며 공부와 학습에서는 자신이 어떤 부분에 취약한지를 파악할 수 있는 개인적인 사고를 의미한다. 정기적으로 배운 사항을 시험을 보고 한 과목의 시험 범위를 익힌 다음에 치르게 되는 테스트는 아동들의 메타인지를 높이는 수단이 된다. 즉, 아동들이 자신이 어느 과목과 어느 부분에 취약한지를 명확히 인식하게 하는 효과를 보일 수 있다.

대다수의 인지 심리학자와 학습 방법 연구자들은 학습에 있어서 단순하게 책을 반복해서 읽는 것은 마치 아동들이 읽은 내용을 이해하고 있다는 착각을 갖게 한다고 제언하였다. 이 때문에 정기적으로 한 과목의 중요한 개념에 대한 학습을 한 뒤에 배운 내용에 대해 간단하게 시험을 치를 것을 권유하고 있다. 예를 들어 1과에서 3과까지 배웠다면 3과의 내용만 읽어보고 지나치는 것이 아니라 1과부터 2과의 내용도 누적해서 물어보고 관련 모의고사 문제도 풀어보는 것이 더 나은 학습이 될 것이다. 또한 그동안 학습한 내용을 잘 알고 있는지 점검하는 것도 도움이 될 것이다.

아동들이 교과서의 내용만 단순히 읽어보는 것은 수동적이고 얕은 수준의 학습을 하는 방법이 될 것이다. 반면에 해당 내용을 읽어본 뒤 관련 문제를 풀어보고 어느 부분이 이해가 안 되는지 파악하는 것이 적극적이며 오랜 시간 기억에 남는 학습법이 될 것이다.

- 교차 공부하기

초등학교의 경우 학년이 올라갈수록 배우는 교과목도 증가하고 세분된다. 각 과목에 대한 준비를 어떻게 하고 시간 배분은 어떻게 해야 할지도 고려해야 하는 부분이다. 어떤 아동들은 한 과목을 충분히 익힌 다음에 다음 과목을 준비하는 아이들도 있을 것이다. 일부의 아동들은 유독 자기가 좋아하는 과목 위주로 공부를 먼저 하는 경우도 있을 것이다. 그렇다면 여러 과목을 공부하고 준비할 경우 어떻게 공부하는 것이 효율적일까?

유용한 공부법으로 하루에 한 과목씩 공부하는 것보다는 2시간 정도 공부할 계획이라면 2시간 동안 한 과목을 공부하기보다는 30분 단위로 여러 과목을 쪼개서 공부할 것을 추천한다. 대개 사람들은 보통 하나의 목표와 과제에 집중해서 공부해야 잘 학습할 수 있다고 생각한다. 한 번에 한 과목이나 한 가지씩 집중적으로 연습해야 한다는 사고는 교사와 지도자, 학생들 사이에 공유되는 공부 방법이다. 연구자들은 이러한 공부법을 '집중 연습(Massed practice)'이라 한다. 그렇지만 최근 연구에 따르면 일정한 시간 간격을 두고 다양한 과목을 학습하는 분산된 공부법이 훨씬 더 효율적이고 효과적이라는 사실이 보고되었다. 예를 들어 지안이라는 아동이 국어, 영어, 사회, 수학을 공부한다고 가정해 보자. 시험 일주일 남겨두고 하루에 한 과목씩 공부하기보다는 이 4가지 과목을 30분이라도 교차해서 공부하는 것이 더 효과적이라는 것이다. 즉, 학습과 학습 사이에 시간 간격을 두고 다른 과목과 교차해서 변화를 주면서 학습하면 해당 과목의 내용과 개념을 더 오랫동안 기억할 수 있게 된다.

- 선생님 되어 보기

선생님 되어 보기 방법은 자신이 공부한 부분을 타인에게 가르치거나 직접 발표나 언어로 표현하는 일종의 시연을 해보는 것이다. 예를 들어 민서라는 학생이 역사 수업에서 이성계 부분을 배웠다면 이성계가 이룩한 업적과 특별한 사항을 친구들이나 부모님에게 설명해 보는 것이다. 부모님은 내용을 들으며 빠진 사항에 대해 피드백해 주면 아동들은 자신의 공부 준비 수준을 파악할 수 있게 된다.

- A4에 배운 것 작성해 보기

앞의 예에서 이성계에 대해 배운 것을 언어로 설명하는 것이라면 이번 방법은 배운 내용을 실제로 노트나 A4용지에 작성해 보는 것이다. 실제로 작성을 해보는 것은 적극적인 인출 작업이며 자신이 배운 내용을 책이나 자료의 도움이 없이 작성해 봄으로써 자신이 공부한 것이 머릿속에 남아 있는지 확인할 수 있다.

학습심리학에서도 학습은 심도 있고 진지하게, 어렵게 학습할수록 더욱 장기기억에 남아 있을 확률이 높다고 한다.

일반적으로 아동기는 본격적으로 부모님의 곁을 떠나서 보다 넓은 세상과 마주하는 시기이다. 신체적 발육 또한 원만한 성장을 보이며 다양한 운동 활동을 통해 자신의 신체적 능력을 점검해 볼 수 있다. 그리고 초등학교 입학을 통해 본격적으로 공부를 시작하게 된다. 아동들이 공부와 다양한 취미 활동에 직접 참여하고 자기 능력에 대한 점검과 어느 정도 수준인지를 인식하게 된다. 이때 부모님들은 아동들이 무엇을 잘하는지 파악하는 것도 중요하지만, 어떤 분야나 주제에 관심을 보이는지를 파악하는 것이 더욱 중요하다.

아동들의 수행 속도는 더디어도 그 분야에 관심과 흥미를 갖도록 동기화한다면 꾸준한 실력을 쌓는 데 원동력이 될 수 있다.

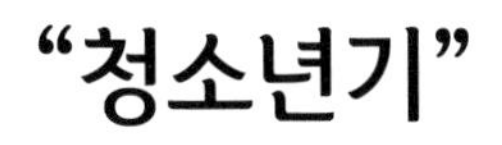

'나'를 알아가기 위한 몸부림의 시기

한 아이가 태어나면 유아기, 아동기를 거쳐 청소년기에 진입하게 된다. 유아기와 아동기에 비해서 청소년기는 발달상의 변화와 정체감의 형성과 고민으로 인해 수많은 경험과 혼란을 내·외면적으로 보이는 시기이다. 그렇기 때문에 청소년은 내면적 갈등과 외부적·신체적 변화에 따른 혼돈을 경험하게 된다.

내면적 갈등과 혼돈은 고스란히 청소년의 자아정체성을 구축하고 자신만의 자아 개념을 구축하는 데 도움을 주지만, 과업을 성취하기 위해서는 가족을 비롯한 부모님의 관심과 지원이 절대적으로 필요하다. 사회로 진입하기 위한 청소년기는 그만큼 중요하며 청소년의 전인적인 성장을 도모하기 위한 그 해결책을 제시하고자 한다.

- 축소된 성인의 시기, 중세기

중세 시대에 아동 및 청소년에 대한 사회적 관점은 부정적이고 비인격적 존재로 간주하였다. 아동 및 청소년은 '축소된 성인(Miniature adult)' 또는 '미개인'으로 분류했으며, 성인 사회의 문화와 규범에 의해 청소년들을 훈련해야 한다고 생각하였다.

아동의 비이성적이고 반문화적 행동이 그들의 마음속에 악령이 내재하여 있기 때문이라 간주하였다. 따라서 엄격한 훈련과 체벌, 노동을 통해 청소년의 내면에 존재하는 악령을 몰아내야 한다고 언급하였다. 이 당시 청소년들은 성인과 다른 지위와 역할은 부여받지 못했으며 다만 '작은 야만인'으로 조망될 뿐이었다(Muuss, 1988).[13]

중세와 계몽기의 청소년기에 대한 설명은 다소 부정적이며 청소년들은 제도권화된 교육을 통해 훈련과 규제를 받아야만 하는 존재로 언급하고 있다.

- 질풍과 노도의 시기, 근대기

근대 말인 1890년과 1920년 사이에 수많은 교육학자와 관련된 전문가들이 '청소년' 개념과 정의를 언급하였다. 가장 대표적인 학자는 스탠리 홀[Stanley Hall, 1844~1924]이었다. 스탠리 홀은 1904년에 '청소년기(The adolescence)'라는 두 권의 서적을 출간하였다.

스탠리 홀의 영향으로 이전 세대의 청소년에 대한 가치관과 차이를 보이기 시작했다. 스탠리 홀은 청소년이야말로 '질풍과 노

---

13) 출처: Muuss, R. E. (1988). Theories of adolescence(5th Ed,), New York: McGraw-Hill.

도'를 경험하게 되는 시기로 설명하였다. 스탠리 홀은 청소년들은 내면적으로 혼란과 방황, 갈등을 경험하며 혼란과 방황이 부정적인 생활방식과 일탈의 생활을 조장한다고 보고하였다.

- 20세기의 청소년에 대한 견해

1920년에서 1950년까지 30여 년 동안 청소년들은 다양하고 복잡한 변화를 겪었던 만큼 사회에서도 현저한 지위를 획득하였다. 청소년들의 생활은 1920년대에 보다 좋은 방향으로 전환되었으나 이후 약 20년의 시기는 어려운 시기를 맞아들였다. 세계적으로 1930년대에 대공황이 발생했으며 곧바로 1940년대에는 2차 세계대전이 발발하였다. 우리나라도 1950년에 6.25전쟁이 발발하였다. 전쟁 이후 국가 경제가 회복되면서 국내와 세계를 통해서 청소년기는 반항 어린 이미지를 부각한 영화와 관련 가수와 스타들을 배출하게 되었다.

현재 청소년기는 과거 이전의 세대 반항적이고 부정적인 이미지가 많이 희석되었다. 일단 일부의 문화에서는 중2병과 같은 청소년 시기 특유의 신조어를 만들며 세대 특징을 반영해 왔다. 제도적인 차원에서 청소년들의 전인적인 성장과 육성을 위한 다양한 청소년 관련 교육 및 상담복지센터가 설립되었다. 그 한 예시가 청소년 상담사와 청소년 지도사라는 국가 상담 및 지도 자격증의 제도화이다. 청소년 관련 전문 인력에 대한 지원과 육성은 청소년 시기의 중요성과 안정되고 긍정적인 자아상을 갖고 청소년으로 성장하게 될 때 그 나라의 장래도 밝다는 것을 뒷받침하는 것으로 풀이된다.

본격적인 분리의 시작

- 친구와 부모 사이

중학교에 입학을 한 청소년들은 다양한 친구들과 교류하고 초등학교 때와는 구별되는 분위기 속에서 일과를 보낸다. 때로는 중학교 생활이 주는 중압감과 많아진 학습량에 적응상의 혼란도 경험하게 된다. 중학교에 입학을 한 후 청소년들은 부모와의 관계보다는 점차 친구들과 관계가 우선되는 시기를 맞이하게 된다.

어떤 부모들은 친구들과 시간을 보내는 것을 바람직하게 여기지 않고 더욱 청소년들을 통제하려 한다. 부모님들이 이 시기 청소년들이 친구들과 어울리는 것을 과잉 통제하는 것은 바람직하지 않다. 이 시기 청소년들은 부모님의 품에서 서서히 벗어나서 친구 집단(Gang group)과 교류하게 될 때 정상적인 발달과업을 수행할 수 있기 때문이다.

- 또 다른 분리와 개별화 시기의 시작

미국의 정신분석가 피터 블로스Peter Blos는 유아기에 마가렛 말러Margaret Mahler가 언급한 첫 번째 분리 개별화에 이어 두 번째 분리 개별화가 청소년기에 일어난다고 설명하였다. 즉, 청소년 시기에 부모님과의 관계보다는 또래 친구들과의 관계가 중심이 되기 시작한다. 청소년들은 아동기처럼 전적으로 부모에게 의지하거나 부모만을 동일시해서 지낼 수 없다는 내면의 생각을 깨닫게 된다. 부모님의 관계에서 떨어져서 지내고 싶은 욕구와 이성 친구에 대한 관심이 촉진되기 시작한다. 보통 청소년들이 자기만의 방에서 나오지 않거나 부모보다는 친구들과 많은 시간을 보내는 모습에서 제2의 분리와 개별화가 시작되었음을 이해해야 한다. 1차 분리와 개별화는 바로 유아기에 유아가 직립보행이 가능해지면서 엄마 품을 떠나 세상을 탐색하는 것이었다. 청소년기 2차 분리와 개별화는 본격적으로 친구들과 관계가 우선된다는 점에서 차이를 보이게 된다.

한 개인으로 태어난 이상 제때 독립을 시도하고 분리하는 과정을 통해 유아는 아동이 되고 청소년은 안정된 청년과 성인으로 성장한다. 1차와 2차 분리와 개별화 시기 부모님이 어떤 자세와 마음으로 이들의 분리와 개별화를 지원해야 하는지 우리 마음 또한 점검과 고민을 해봐야 할 것이다.

- 청소년 발달의 3단계에 대한 관점

미국의 정신분석학자인 설리반Harry Stack Sullivan, 1892~1949은 다른 발달 및 심리학자들보다 청소년 발달 시기에 대한 관심을 두고 발달단계를 세부적으로 범주화했다.

설리반은 청소년 발달단계를 총 3가지의 발달단계로 분류하였다. 중학교 시기부터 고등학교 중기 시기를 전기와 중기로 구분하고 그 이후와 대학교 입학의 시기까지를 후기로 설명하고 있다. 이 발달단계에서도 앞의 피터 블로스가 언급한 발달단계와 유사점이 '독립'에 대한 욕구이다. 청소년 전반기에서는 아직 독립에 대한 욕구가 낮지만, 서서히 이성 친구를 비롯한 다양한 친구들과 교류하면서 사회적 생활반경이 점차 확장된다. 일부 청소년들의 경우 전문계 고등학교를 진학하고 졸업함에 따라 본격적인 사회생활에 입문하게 된다. 다음[표 8]과 같다.

기간	연령	발달의 주요 특성
청소년 전기	11~12세	청소년 전기는 동성 또래와 관계를 유지하려는 강한 욕구를 가지고 있으며 평등하게 기회를 부여받고 싶은 욕구와 다소의 독립심이 발현되지만 이에 대해 혼란을 경험하게 된다.
청소년 중기	12~17세	청소년 중기는 청소년 전기보다 높은 수준의 성 욕구가 발현되며 이성 친구에 대한 관심과 또래 친구에 대한 관심이 이중 사회적인 욕구로 나타난다. 매우 독립적인 성향을 보이게 된다.
청소년 후기	17~20세 초반	청소년 후기는 불안에 대한 강한 안전 욕구를 보이며 집단의 일원이 되고자 하는 욕구와 완전한 독립적인 욕구를 보이게 된다.

[표 8. 설리반의 청소년 발달단계]

필자의 경우도 중학교에 입학한 뒤에 다양한 친구들과 어울리고 여러 갈등과 친교를 통해서 소속감과 내적인 성장을 할 수 있었다. 때로는 친구들과 함께 학교 끝나고 집까지 걸어오는 그 시간이 너무나 행복하고 서로의 우정을 키울 수 있었다. 어떤 친구는 한 해 동안 자신이 작성한 일기장을 선물로 주었던 일도 있었다. 기억에 남는 것은 친구들과 학교가 끝난 뒤에도 함께 시간을 보내고 싶어서 밤새 늦게까지 마을 어귀에서 대화의 시간을 이어갔다.

이렇듯 청소년기는 부모로부터 완벽한 독립이 진행되지는 않지만, 일종의 독립을 연습하는 전환기적 성격을 갖고 있다. 자신과 가치관이 다른 친구를 만남으로써 다양성을 수용하는 방법도 배우고 자신에 대한 명확한 정체감도 파악할 수 있게 된다. 유명한 인본주의 심리학자인 칼 로저스는 인간이 성장을 하는데 경험만큼 중요한 것이 없다고 설명하였다. 작년과 똑같은 삶을 청소년이 살게 된다면 그 청소년에게 발전을 기대하기 어려울 것이다.

반면에 작년과 다른 친구들과 친해지고 색다른 경험을 한다면 그 청소년의 인지 세계는 더욱 확장될 것이고 성숙한 대상으로 성장을 할 수 있을 것이다.

- 작게만 보이는 부모의 존재와 대처전략

일반적으로 볼 때 자녀들이 청소년이 되는 시점과 부모님들이 중년이 되는 시점이 교차하게 된다. 청소년들은 신체적으로 왕성한 발육과 성장을 보이기 때문에 청소년에게 부모는 조금씩 작아 보이기 시작한다. 초등학교 시기에는 한 뼘 이상 키에 있어서 차이가 났지만, 왕성한 성장을 보이는 청소년 시기에는 그 격차가 점차 줄어들어 일부의 경우 아버지의 키를 압도하는 경우도 발생한다. 아동들이 청소년기로 진입했다는 것은 신체적인 변화뿐 아니라 심리 정서적으로도 이전의 시기와는 다른 변화와 성장을 보이는 것이 청소년기의 특징이다. 지금까지는 자신을 '돌보는' 존재로 생각했던 부모를 '지배하고 통제하는' 존재로 여기기 때문에 부모님의 말씀과 행동에 의문을 품거나 반항하는 것이다.

점차적인 변화를 보이는 청소년들의 모습에 대해서 부모님들은 어떻게 대처하고 양육해야 하는가? 이 고민을 나를 비롯한 일선의 상담사들은 학부모들로부터 질문을 받게 된다. 이에 대한 대답은 유아기 시절 분리 개별화의 과정에 대한 대처와 유사하다.

즉, 청소년으로 성장한 아이들의 인격을 존중해 주며 이들이 다양한 친구들과 선후배들과 관계를 맺는 것을 일차적으로 존중해 주어야 한다. 이러한 존중을 청소년들이 느낄 때 청소년들 역시 부모의 존재를 인정하고 힘이 들거나 고민이 되는 일이 생길 때 부모님에게 노크할 것이다.

청소년들은 마치 아동기 시기에 일어서다가 넘어지기를 반복하듯이 다양한 시도를 하다가도 부모님의 곁으로 돌아와서 안정감을 경험하고 싶은 욕구가 내재되어 있다. 청소년기에 부모의 존재는 등대의 역할을 해 주는 것이 필요할 것으로 본다. 원거리를 이동하는 배에 있어서 등대는 앞으로 나아가야 할 방향을 제시하듯이 청소년들에게 부모의 존재가 배의 등대와 같은 관계가 될 때 청소년들도 안정적인 성장을 할 수 있다.

Special tip 든든한 부모 되기 전략

* 부모님은 청소년들에게 등대와 같은 존재입니다. 비록 청소년기가 되어서 부모의 영향력이 이전 시기보다 줄어들었다 해도 멀리서 배들을 어둠 속에서 비추어 주는 등대의 불빛처럼 부모님이 든든하게 아이들을 비추어 주고 있음을 알려주세요.

* 청소년들이 친구들과 관계가 우선시 되는 것에 대해 부모님들은 어떤 생각이나 감정이 인식되나요? 이러한 감정을 인식하고 다른 학부모님들과 공유해 보는 것도 도움이 될 것입니다.

자아 정체감과 혼돈

- 에릭 에릭슨의 자아 정체감

유명한 발달심리학자이자 정신분석학자인 에릭 에릭슨은 청소년기에 자신이 누구인가에 대한 고민을 하였다고 전해진다. 이 고민은 그가 태어난 곳은 독일이지만 친부모님이 덴마크인이었고 친부모님 이혼 후 새아버지가 유대인이었던 복잡한 가족사가 한몫하게 된다. 청소년기 그의 친구들은 그의 아버지가 유대인이기 때문에 에릭 에릭슨과 교류하지 않았으며 동시에 유대인 친구들은 그의 신체적 특성 때문에 유대인이 아니라고 그를 따돌렸다. 그는 유대 소년들 사이에서 '이방인'이라는 별명이 생겼으며 대학에 가서도 여행과 다소의 고민 시기를 보내게 되었다. 그는 이 시기를 '유예기(Moratorium)'이라 하며 자기 자신을 찾아보는 노력의 시간으로 기록하였다.

그의 가족과 지인들은 에릭 에릭슨에 대해 스스로를 찾고자 애를 쓰는 고민의 예술가로 표현하였다. 이러한 에릭 에릭슨의 유년기와 청소년기의 경험은 청소년기를 자아 정체감의 시기로 결정하는 데 영향을 주었던 것으로 보인다.

연령대	지그문트 프로이트의 발달단계	에릭 에릭슨의 발달단계
생후 1세	구강기	기본적 신뢰 대 불신(희망)
1~3세	항문기	자율성 대 수치심(의지)
3~6세	남근기(오이디푸스)	주도성 대 죄책감(목적)
6~11세	잠복기	근면감 대 열등감(역량)
청소년기	생식기	정체성 대 역할혼미(충성)
성인 초기		친밀감 대 고립감(사랑)
성인기		생산성 대 침체기(호의)
노년기		자아통합 대 절망감(지혜)

[표 9. 지그문트 프로이트와 에릭 에릭슨의 발달단계 비교]

- 자아 정체감이란?

친구들과 시간을 향유하고 서로 간에 영향을 받는 시기인 청소년기는 자신이 누구이며 무엇을 좋아하고 앞으로 나는 무엇을 준비해야 하는지에 대한 내적인 고민이 시작된다. 이를 두고 에릭 에릭슨은 청소년기의 중요한 발달 과업으로 자아 정체감(Ego identity)의 확립을 강조하였다. 에릭 에릭슨은 12세에서 18세까지의 청소년기가 개인의 기본적인 자아 정체성에 대해 의문을 품고 심사숙고하는 시기라는 점에서 중요하다고 생각하였다. 자아 정체감은 자기 자신의 독특성에 대한 안정된 생각과 느낌이 드는 것이다. 즉, 행동이나 사고와 느낌의 변화 속에서 내가 누구인지를 일관되게 인지하는 것이다. 청소년기는 특히 자아 정체감 형성에 결정적인 시기이며 만약 내가 누구인지에 대한 구체적인 답안과 의미를 파악하기가 어려운 청소년들은 혼란한 시기를 경험할 수 있다.

청소년기에는 이전의 발달단계보다 추상적이고 논리적인 사고가 가능하게 된다. 자기 사고 과정에 대해 스스로 점검할 수 있는 사고(메타인지 또는 초인지 Metacognition) 능력이 발현되어 아동기와는 다른 방식으로 자신을 둘러싼 환경과 세계를 지각하고 이해한다. 점차 증가하는 이와 같은 사고 능력의 발현은 '나는 누구인가?'와 같은 추상적인 질문을 스스로 던질 수 있게 된다. 즉, 자신의 근원적인 존재감에 대한 질문을 함으로써 더 이상 부모가 절대적인 영향력을 발휘하는 대상이 아님을 실감하게 된다. 때로는 부모와 다른 가치관과 의견의 차이로 가족 내에서 소소한 갈등이 빈번해지며 그런 상황에서 청소년들은 자신이 이해받고 있지 못하다는 신념을 가질 수 있다.

긍정적인 자아 정체감은 어떻게 확립이 될 수 있을까? 일반적으로 우리는 '동일시(identification)'를 통해 정체감을 구축한다.

여기서 말하는 '동일시'는 쉽게 말해서 '자신이 좋아하는 다른 사람의 성격이나 가치관을 받아들이는 것'을 의미한다. 일반적으로 보면 사람의 일차적인 동일시 대상은 부모님이다. 유아기부터 부모님의 성격과 패턴을 부모님과 상호작용 통해 받아들인다. 청소년기에는 자신이 호감을 느끼거나 도움을 주는 대상들의 성격과 가치관을 받아들이는 동일시의 모습을 보이게 된다.

나의 경우 오산에서 목회하시는 목사님을 멘토로 삼고 있다. 그 목사님을 대학교 2학년 때 만나서 현재까지도 서로의 길을 응원하고 격려해 주고 있다. 나의 진로에 대한 고민이 있을 때마다 목사님은 나의 도전에 대해 격려해 주셨고 당신 역시 비전을 위해 많은 도전과 올바른 길을 가기 위한 삶의 고민도 줄곧 하셨다. 목사님의 도전과 삶에 대한 진지한 고민은 나 역시 그러한 자세와 마음가짐을 갖게 되었다. 그래서 대학교에 다닐 때 좀 더 성장한 내 모습을 조망하며 대학원에 진학하고 결국에 학위를 마무리할 수 있었다. 즉, 목사님의 생각과 가치관을 내가 동일시한 것을 의미한다.

청소년들은 다양한 성취 경험을 통해 자아 정체감을 확립하게 된다. 유아가 아동이 되고 아동이 청소년으로 성장하는 일련의 발달은 여러 발달 과업이나 수행을 성취해야 하는 과정이다. 여러 경험 속에서 자신이 원하는 목표를 설정하고 성취하는 과정은 너무나 중요한 과정이다. 특히 아동기나 청소년기의 자신이 목표한 바를 이루어 내고 도달하는 경험은 해당 분야에 대한 자신감과 긍정적인 자아 정체감을 형성하게 한다. 청소년들이 다양한 과업에 도전하고 성취하면서 자신을 '이런 일들을 할 수 있는 사람'으로 긍정적 자기 인식을 하게 된다. 이렇게 형성된 긍정적 자기 인식은 자신에 대한 긍정적 자아 정체감의 뿌리가 된다.

나의 경우를 살펴본다면 중1 때부터 고2 때까지 미국인 친구와 해외 펜팔을 하였다. 당시 과외 선생님께서 영어 잘하는 방법으로 해외 펜팔을 알려주었던 것이 그 시작이었다. 월 1회 미국인 친구와의 영어로 편지를 쓰고 소통했던 경험은 나로 하여금 영어에 더욱 흥미를 갖게 하였고 그렇게 영어는 또 다른 나의 이름이자 정체감의 하나가 되었다. 그때 같은 반 친구들도 '영어'하면 '나'를 주목하기 시작했고 영어 공부법도 물어보는 등 여러 관련 질문을 했다.

- 자아 정체감의 중요성

청소년들이 자신만의 정체감을 성취했다는 것은 다른 청소년들과는 구분되는 자신의 진로와 그 준비를 일정 수준 마친 것으로 풀이된다. 자신에 대해서 이해하고 있으며 자신이 어떤 분야로 진출해야 하는지 자신의 원함(Want)을 알고 있는 청소년들은 확고한 진로의 계획을 수립하고 이에 정진하게 된다. 더불어 내가 누구인지를 알기 때문에 다른 친구들과 관계에서도 안정된 심리와 정서로 유지할 가능성 또한 크다.

Special tip **청소년 자아 정체감 확립**

* 청소년기는 자신이 누구인지를 알아가는 중요한 시기입니다. 때로는 부모의 관점에서 청소년들에 대해 파악된 부분과 어떤 자원과 강점이 있는지 말해주고 깨달을 수 있도록 논의하는 것도 청소년들이 자신의 자기 정체성을 인식하고 이해하는 데 도움이 될 것입니다.

* 청소년들이 자신의 정체감 인식에 어려움을 보이는 경우 학교 내 상담실이나 지역 내 청소년 상담복지센터 등을 통해서 홀랜드 흥미유형검사(Holland)나 MBTI검사를 받아봄으로써 객관적인 자기 인식과 이해를 할 수 있을 것입니다.

청소년기의 뇌 발달

- 인지적 사고의 향상

청소년기는 학령기까지 축적된 다양한 경험을 기반으로 시냅스의 수초화(Myelination)가 질적인 발달을 이루는 시기이다. 이에 따라 종합적인 사고능력과 논리가 더욱 신장하고, 작업 기억의 용량이 향상되며 계산능력과 융통성 등도 향상이 된다. 그렇다면 우리는 어떻게 하면 청소년기 아이들의 균형적인 뇌의 성장을 도모할 수 있을까? 균형적인 뇌의 성장과 발달을 위해서는 학업뿐만 아니라 청소년들이 좋아하는 취미 및 운동과 같은 활동도 즐길 때 뇌의 성장을 촉진할 수 있다. 연구에 의하면 운동과 같은 여가 활동을 균형 있게 한 청소년의 집중력과 학업 능력은 그렇지 않은 청소년보다 더 높은 것으로 보고 되었다. 이 시기 청소년의 균형적인 뇌의 발달은 청소년들의 자아 정체감에부터 심리 정서적 요인까지 영향을 주며 관련이 있다.

- 제2의 급변 시기

청소년 시기는 뇌 발달에 있어서 많은 변화를 보이고 성장을 나타낸다. 이때 뇌의 발달과 연관하여 뇌의 2차 가지치기 작업이 전두엽에서 시작된다. 뇌의 2차 가지치기 작업은 청소년의 발달에 막대한 변화를 초래할 수 있는데, 가지치기는 뇌를 효율적으로 운영하기 위해 필요한 부분은 남기고 없는 부분은 제거하는 과정이다. 가지치기 작업으로 인해 청소년들은 일시적으로 감정 기복이 심해지며 불안한 모습을 보이게 된다. 때때로 무의식으로 억압해 있던 문제를 드러나게 만들기도 한다. 우울증 및 조울증과 같은 감정 장애와 조현병 등의 정신증이 아동기보다 청소년기에 더 빈번하게 발생하는 이유가 청소년기 뇌의 2차 가지치기와 관련이 있다. 청소년기 가지치기는 호르몬의 변화와 유전자 발현의 변경과 더불어 청소년기의 뉴런 활동과 시냅스 성장에 영향을 끼치고 뇌의 기능이 극적으로 변화하게 한다.

지난 2020년 발표된 청소년 통계에 따르면 실제로 중·고등학생 10명 중 4명이 스트레스를 '많이' 인지하고, 10명 중 3명은 1년 내 우울감을 경험했다고 한다. 청소년의 사망원인도 2011년 이후부터 계속해서 자살이 1위로 보고되었다.

우리나라의 청소년기 정신건강과 관련된 자료들을 통해 점검해야 하는 부분은 청소년들이 입시와 학업 위주로 이들의 생활이 먼저 진행되는 것은 아닌지, 한참 혼돈의 청소년기를 경험하고 있는 아이들에게 긍정적인 방향으로 스트레스를 풀고 이완할 수 있는 작업이 공부하는 것 못지않게 중요할 것이다.

- 감정의 뇌인 변연계의 요동침과 대처법

청소년기가 되면 감정의 뇌인 변연계의 활동이 빈번해진다. 변연계는 공포, 기쁨과 슬픔 등 감정을 담당하는 편도체와 단기 기억을 장기 기억으로 전환하는 역할을 담당하는 해마로 구성이 된다. 인간의 이성과 사고 및 감정을 조절하는 전두엽은 아직 준비되고 갖추어야 할 것이 많으며, 이에 비해 변연계의 편도체는 왕성한 활동을 하게 된다. 15세 나이 청소년들의 행동과 모습이 감정적이고 반항적이고 충동 조절을 제어하는 것에 어려움을 보이는 이유가 변연계의 발달과 연관이 있다.

편도체는 '기억'과 '감정'을 담당하는 뇌의 영역인 '변연계(Limbic

system)'의 주요 부위이며 작은 아몬드 모양의 편도체는 기쁨과 슬픔, 분노와 공포의 감정을 인지하고 유발한다. 청소년기는 편도체가 활성화되는 시기이기 때문에 타인의 정서를 이해하고 인지하는 일을 전두엽이 아닌 편도체가 해석하게 된다. 예를 들어 어떤 중학교 청소년이 지하철에 있었는데 할아버지쯤 되시는 분이 실수로 다리를 밟았다고 가정하자. 이 중학교 청소년은 감정적으로 다리를 밟은 것에 대해 화를 내거나 분노의 모습을 보일 가능성이 크다. 반대로 대학생이거나 성인이면 감정적인 대처보다는 이성적으로 할아버지의 실수로 이해하고 가볍게 넘어갈 가능성이 크다. 이 두 가지 예시를 통해 알 수 있는 것은 중학생보다는 대학생의 뇌가 전두엽이 성장해 있기 때문에 중학생보다 더욱 차분하고 객관적인 반응을 보일 수 있기 때문이다.

실험을 통해서도 청소년들에게 다양한 표정이 담긴 사진을 제시하고, 사진 속에 있는 사람이 어떤 감정 상황인지에 대해 질문을 했을 때 많은 아이가 사진 속 표정을 분간해 내지 못했다. 그 이유는 전두엽의 발달이 아직은 청소년기에 미숙하기 때문에 자신의 감정 상태를 잘 파악하지 못하고 감정 처리 또한 편도체가 주도적으로 기능을 하기 때문이다. 또한 감정인식 능력이 부족한 청소년들은 자신이 불안하거나 공포를 느낄 때의 감정을 분노로 잘못 지각하고 화를 내기도 하는데 이러한 경향성은 자신뿐만 아니라 상대방의 감정에 대해서도 인식하는 것이 쉽지 않다.

이처럼 청소년기는 기쁨, 슬픔, 분노와 공포 같은 감정을 인지하고 해석하는 편도체의 활성화로 돌발적이고 충동적으로 행동한다고 볼 수 있다. 이에 따라 타인의 감정을 잘못 이해하는 경우도 빈번히 발생하게 된다. 일상생활에서 부모님과 청소년들 간의 갈등의 소지도 뇌의 발달과도 연관이 있다. 소소한 부모님의 잔소리와 훈육조차도 이 시기 청소년들은 지극히 감정적인 단어와 격앙된 행동으로 보이는데, 이 특성이 이 시기에 편도체 부분이 과잉 활성화되어서 부모님의 언행에 대해 지극히 위협적이고 스트레스로 느끼기 때문이다.

미국의 유명한 정신의학자인 대니얼 시걸은 우리의 뇌를 집의 구조로 비유하며 아래층에 해당하는 하위 뇌는 뇌간(Brain stem)과 변연계(Limbic region)로 구분하였다.

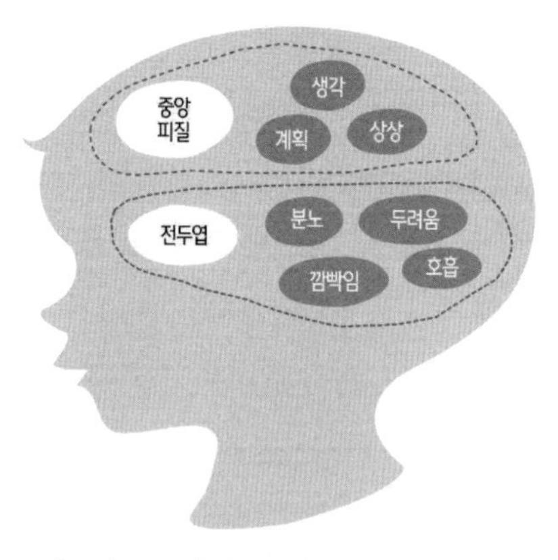

[그림 1. 하위 뇌와 상위 뇌14)]

[그림 1]에서 전두엽 옆에 분노, 두려움 등의 감정을 인식하는 하위 뇌는 뇌의 아래쪽에 있으며 목 위쪽부터 콧대쯤으로 걸쳐 있다. 과학자들은 이 하위 영역의 뇌가 다른 뇌 부위보다 원시적이라고 보고하였다. 이 하위 영역에서 호흡과 눈 깜빡임과 같은

---

14) 출처: 「아직도 내 아이를 모른다」 대니얼 시걸, 티나 페인 브라이슨 저. 김아영 역 (2020). 알에이치코리아. 재인용

기본적 기능, 싸움과 도주와 같은 선천적이고 본능적인 반응에서 부터 충동과 분노, 두려움과 같은 강한 부정적 감정을 담당하게 된다.

하위 뇌는 가족들의 다양한 본능적이고 기본적인 욕구를 충족시켜 주는 집 아래층과 같은 곳이다. 보통 부엌, 식당, 욕실 등이 자리 잡고 있으며 하위 뇌는 아래층에서는 사람의 신진대사활동과 연관된 기본적이고 필수적인 기능을 한다.

반면에 상위 뇌는 전혀 다른 기능을 하게 된다. 상위 뇌는 대뇌피질을 비롯한 다양한 부분으로 구성이 되어 있으며 특히 중앙 전전두엽 피질(Middle prefrontal cortex)이라 지칭하며, 이마 바로 안쪽에 있다. 원초적이고 기초적인 기능을 담당하는 하위 뇌와 달리 상위 뇌는 세상을 넓고 객관적으로 바라볼 수 있는 기능을 제공한다. 상위 뇌에서는 상상, 계획과 같은 고차원적인 인지 정신 작용이 일어나게 된다. 원시적인 하위 뇌와 달리 상위 뇌는 아주 정교하며 다른 동물들과 구분되는 고차원적 정신 작용과 분석의 기능을 하게 된다. 예를 들어 같은 포유류라 해도 우리가 기르는 반려견이나 반려묘는 자신의 미래를 상상하고 추론하는 것이 불가능하다. 또한 자신이 행한 실수를 숙고하고 점검하는 능력 또한 갖추어져 있지 않다. 반면 인간인 우리는 상위 뇌의 발달로 인해 다른 포유류들이 보여주지 못하는 고등인지 기능이 있다.

학부모를 비롯한 성인 지도자들은 연령대로 본다면 상위 뇌가 성숙해 있기 때문에 청소년들이 감정적으로 대하거나 격한 반응을 보일 때 하위 뇌의 속성과 성질을 인지하며 이들의 행동과 맥락이 감정적이고 충동적임을 파악하고 지도하는 것이 필요하다.

- 긍정적인 경험의 중요성

인간의 뇌는 진화적으로 긍정적인 내용보다는 부정적이고 자극적인 내용과 사건을 잘 기억한다. 이 특징은 위협을 인지하는 편도체가 발달 초기에 활성화되고 발달하는 것과 관련이 있다. 이 점을 염두에 두고 우리는 청소년기 시절 자녀의 교육을 제공하고 지원해야 한다. 먼저 청소년기의 아이들에게 제공해야 할 것은 긍정적인 경험의 축적이다.

긍정적인 경험은 아이들이 자기 주도적으로 어떠한 일에 도전하여 충분한 성취감과 자신감을 느낄 수 있는 것이다. 학부모들이나 지도자들은 청소년들에게 긍정적인 성취 경험의 기회를 가능한 한 빈번하게 제공해야 할 것이다. 비록 작은 성취라도 아이들이 수행한 것에 대해 지지해 주며 칭찬해 줘야 할 것이다.

요즘 학교에는 다양한 동아리 활동과 자유학기제 등 학교 공부 이외에 다양한 경험을 할 기회도 많이 있다. 예를 들어서 학교뿐만 아니라, 청소년 센터 등의 공공기관에서 다양한 체험활동이 운영되고 있다. 그렇기 때문에 청소년의 전인적인 성장을 위해 청소년 센터 등의 프로그램을 활용하는 것도 방법이 될 수 있다.

이외에도 학교에서 제공되는 특별활동이나 방과 후 프로그램을 활동하는 것도 하나의 대안이 될 수 있다.

Special tip 안정적인 뇌 성장 전략

* 청소년기의 심리 정서적 특징은 변연계의 편도체가 주로 담당하기 때문에 청소년은 감정적인 반응을 보여줍니다. 이에 대해 부모님을 비롯한 지도자들은 청소년들의 감정적인 반응 및 행동이 발달상의 특징임을 인지하고 청소년들과 같은 방식으로 감정적으로 대처하는 것이 아니라 한 템포 느리게 이성적으로 대처하는 것이 필요합니다.

* 균형적인 뇌의 성장을 위해서 이 시기 청소년들이 성취감을 경험할 기회를 제공하는 것이 필요합니다. 운동을 비롯한 여가 및 취미 활동은 이 시기 청소년들의 스트레스를 해소하고 자기만의 정체감을 형성하는 원동력이 될 수 있습니다.

Self Check 나와 아이들과의 갈등 점검하기

다음 표를 통해 나와 아이들과 어떠한 지점에서 갈등이 생기는지 작성하고 갈등의 요인에 대해 아이들과 의논하고 점검하면 상호 이해에 도움이 될 것입니다.

✐ 최근에 자녀들과 갈등이 있었던 날짜를 먼저 기록하고, 어떤 사건으로 갈등이 있었는지 갈등 주제와 어떤 말에 의해 화가 났는지 자극이 되었던 자녀의 말과 행동을 기록하고 당시 들었던 생각과 감정을 기록하면 됩니다. 예시를 참고해서 기록해 주세요.

날짜	갈등이 있던 주제	화가 났던 행동이나 말	당시 들었던 생각이나 감정
2023. 02.21	스마트폰과 SNS에 너무 많은 시간을 보낸 모습	엄마는 신경 끄라는 말과 모습	아이 행동에 대해 서운하고 한편으로 과잉 통제하는 것은 아닌가 생각도 들었다.

청소년기 정신건강

청소년기는 자아 정체감을 확립하고 뇌의 구조에서도 가지치기 작업이 진행되는 등 여러 발달상의 변화를 보이게 된다. 청소년기의 내·외적 변화는 다양한 정신장애와 부정적 정서에 취약해지는 데 영향을 끼칠 수 있다. 이에 대해 정부와 교육부는 초등학교 시기부터 학기 초와 같은 중요한 시기마다 정서·행동 특성검사라는 일종의 학생 정서 및 행동의 특성에 대한 검사를 실시한다. 이번 주제에서는 이와 연관된 정서·행동 평가의 특징과 정서·행동 특성검사를 통해 확인할 수 있는 내용, 그 외 학생들의 정신건강과 관련하여 보호자로서 알아야 하는 내용을 제시하고자 한다.

– 정서·행동 특성검사

현재 우리나라에서는 학생들의 안정적인 정서·행동 발달을 위해 매년 초등학교 1학년과 4학년, 중학교 1학년과 고등학교 1학년을 대상으로 정서·행동 특성검사를 실시하고 있다. 정서·행동 특성검사를 통해서 우울, 자살, 불안, ADHD의 다양한 학생들의 정서·행동 문제가 발생하는 것에 대한 선제 예방과 조기 발견 등의 치료적 지원에 대한 구축과 지원을 도모하는 검사이다.

검사 및 면담 결과에 따라 과도한 수준의 스트레스를 보고하거나 집중력 저하, 대인관계에서 갈등이 보고되면 관심군 학생으로 분류가 된다. 관심군 학생들은 심각성의 수준에 따라 일반관리, 우선 관리, 자살위험 등의 3단계로 범주화된다. 관심군 학생들은 지역 사회의 위센터나 정신건강 복지센터, 청소년 상담복지센터 등으로 상담 및 치료적 개입을 지원받게 된다.

정서·행동 특성검사 결과에서 비록 관심군으로 학교를 통해 전달받아도 이 검사는 자기 보고식 검사라는 점을 숙지해야 한다. 즉, 설문지 검사이기 때문에 검사의 결과는 검사하는 학생의 기분이나 정서적 상황에 따라 차이가 날 수 있기 때문이다. 예를 들어 한 청소년이 친한 친구와 어제 갈등이 있었고 그다음날 정서·행동 특성검사를 했다면 그 청소년이 안정적인 성격을 가졌어도 어제 일로 인해 부정적인 문항에 빈번하게 체크를 할 수도 있다. 정서·행동 특성검사에서 문제가 있는 결과로 나와도 검사 실시 전에 어떤 일이 청소년에게 있었는지에 따라 결과가 달라질 수 있다. 이 부분은 염두에 두고 학부모님과 지도자들은 정서·행동 특성검사에 대처하길 제언하는 바이다.

정서·행동 특성검사에서 상담해야 하는 학생들만 학교 전문상담사나 전문상담교사와 상담 개입이 진행된다. 상황에 따라서 청소년 상담복지센터의 청소년 상담사들도 학교를 통해 연계되어 실질적인 상담을 지원한다.

– 정서·행동 특성검사 결과에 대한 대처

학생들이 정서·행동 특성검사에서 관심군으로 분류가 되어도 이 결과가 아이들의 모든 심리적 증상을 다 설명하거나 밝히는데 한계가 있다. 그렇기 때문에 보다 객관적이고 깊이 있는 결과를 원하는 경우에는 청소년 상담 관련 공공 상담 기관인 청소년 상담복지센터를 통해 상담을 의뢰하고 심리검사를 받는 것을 추천한다. 청소년 상담복지센터는 현재 전국 곳곳에 개설이 되어 있으며 청소년들의 전인적인 성장을 위한 상담을 지원한다.

- 알고 있으면 도움 되는 심리검사, MMPI[15)]

MMPI 검사는 현재 널리 쓰이는 심리검사 중 하나로 스타크 해세웨이Starke Hathaway박사와 존 맥킨리John Charnley McKinley박사가 개발한 자기 보고형 심리검사이다. MMPI 검사는 정신과 병원이나 상담센터 등에서 심리검사를 실시할 때 빠지지 않고 실시하는 검사이다. 이 검사는 총 10가지의 신경증이나 정신증과 연관된 임상 증상을 평가하는데, 1번 건강염려, 2번 우울, 3번 히스테리, 4번 반사회성, 5번 성역할, 6번 편집, 7번 강박, 8번 정신 분열, 9번 경조증, 0번 내향성 등이 임상 증상이며 T 점수를 토대로 약 65점 이상 상승한 경우 그 증상에 대한 주관적 고통의 해석이 가능함을 의미한다.

예를 들어 한 청소년이 2번 우울에서 T 점수로 70점이 나왔다면 그 청소년은 우울과 관련된 인지적·정서적·신체적 증상을 경험하고 있을 가능성이 높다. 인지적인 우울 관련 특성으로 자신에 대한 부정적인 인식과 정서적으로 빈번한 슬픔과 무기력의 감정, 신체적으로 에너지 수준이 낮아진 부분 등이 해당이 된다.

- MMPI에서 중요한 결과

청소년기의 정신장애와 관련해서 알기 전에 기본적으로 정신증과 신경증, 성격장애에 대해 알아보자. 정신증(Psychosis)은 일상생활에서 이성적 판단 능력이 결여되고 언어나 사회적 소통 능력이 빈약하며 환청이나 환각 등의 기태적 감각 경험을 하는 것이 특징이다. 일반적으로 정신증 보이는 사람은 일상생활에서 지하철이나 거리에서 사람들이 허공에 욕을 한다던가 타인에게 손가

15) MMPI: Minnesota Multiphasic Personality Inventory

락질하는 등의 행동을 통해 우리는 볼 수 있다. 정신증 환자들은 직장생활을 하는 것이 쉽지 않기 때문에 병원 치료를 받게 된다.

MMPI에서는 6번 편집, 7번 강박, 8번 정신 분열, 9번 경조증 등이 정신증의 증상을 파악하는 참고 자료로 활용된다

신경증(Neurosis)은 내적인 심리적 갈등이 있거나 외부에서 오는 스트레스를 다루는 과정에서 무리가 생겨 심리적 긴장이나 증상이 야기되는 것을 말한다. 심리적 갈등이나 외부의 스트레스에 의해 생긴 불안이 여러 가지 신경증을 일으키는 원인으로 볼 수 있다. 신경증에서 흔히 볼 수 있는 증상으로는 불안을 직접 체험하는 불안 장애가 있다. 불안을 다루는 심리적 방어 작용 중 가장 기본적인 것은 억압이다. MMPI에서는 1번 건강염려, 2번 우울, 3번 히스테리가 신경증에 해당한다.

성격장애는 한 개인이 지닌 지속적인 행동 양상과 성격이 일상생활 속에서 개인에게 사회적으로 주요한 기능의 장애를 일으키게 되는 성격 이상으로 정의할 수 있다. 현행 정신편람 DSM-5에서는 성격 장애를 A형(편집성, 분열형, 분열성)·B형(반사회성, 자기애성, 경계성, 연극성)·C형(회피성, 의존성) 성격장애로 분류하고 있다. A형 성격장애는 고립된 감정과 패턴을, B형 성격장애는 감정의 동요가 심하며 변덕스러운 모습을, C형 성격장애는 불안과 두려움 등을 보이는 것이 특징이다.

번호	임상 척도	증상
1	건강염려증 (Hs)	신체기능에 대한 과도한 불안이나 집착 같은 부분을 점검한다.
2	우울증(D)	슬픔, 사기 저하, 미래에 대한 비관적인 생각, 무기력 및 절망감 등을 점검한다.
3	히스테리 (Hy)	심리적 고통을 회피하는 방법으로 부인(Denial)을 사용하는 정도를 파악하며 감정 표현의 정도를 평가한다.
4	반사회성 (Pd)	공격성의 정도를 점검하며 가족이나 권위적 대상에 대한 불만, 일탈행동 등을 점검한다.
5	남성성·여성성(Mf)	직업과 취미에 대한 흥미, 심미적이고 종교적인 취향, 능동성과 수동성, 대인관계에서 감수성 등을 파악한다.
6	편집증 (Pa)	대인관계 예민성, 피해의식, 만연한 의심 등을 점검한다.
7	강박증 (Pt)	강박적 행동을 점검하는 것 이외에 자기비판, 자신감의 저하, 주의집중 어려움, 죄책감 등을 점검한다.
8	정신분열증 (Sc)	이 척도의 점수가 높을수록 정신적인 혼란을 나타낼 수 있다. 이외에 사회적 소외, 가족 간의 갈등, 주의집중 및 충동 억제 어려움 등을 보이게 된다.
9	경조증 (Ma)	정신적 에너지를 점검하며 이 척도에서 높은 사람들은 활동적이며 자신만만하며 자신을 과대평가한다.
0	내향성 (Si)	사람이 혼자 있는 것을 선호하는가와(점수가 높을 때) 다른 사람들과 함께 있는 것을 선호하는가를 파악한다(점수가 낮을 때).

[표10. MMPI 임상 척도와 증상]

- 청소년기의 정신질환

주로 성인들이 빈번하게 높은 증상을 보고했었던 조현병이 10대 중반부에 발병될 가능성이 약 40%라고 한다. 생각보다 높은 비율이며 대다수 사람이 간과하기 쉬운 부분이다. '조울증'이라고 알려진 '양극성 장애(Bipolar disorder)'도 비슷한 현실을 보인다.

성인기에 치료받은 조울증 내담자의 과거 이력을 확인해 보니 약 50% 이상이 10대 시기에 초기 조울증 증상이 시작되었다고 한다.

청소년기의 정신 건강 문제는 성인에게서 보이는 증상과 조금 다른 형태로 보이기 때문에 발병하기 전에 그 증상을 파악하는 것이 쉽지 않다. [그림 2]를 통해서 청소년기에 세심하게 살펴봐야 할 정신 건강 문제의 유형과 종류를 살펴보겠다.

첫째, 발달장애·언어장애·지적장애나 ADHD와 같은 발달 문제들은 아동기에서 증상이 시작되어 청소년기로 지속이 되고 있으며 특히 청소년기에는 다른 문제와 복합되면서 합병증으로 나타난다. 두 번째는 온라인중독, 충동조절장애, 품행장애 등의 증상들은 청소년기 특유의 충동성과 공격성이 주가 되는 정신 건강 문제이다. 이러한 증상들은 아동기에는 두각을 보이지 않다가 청소년기에 급격하게 증가를 한 뒤 성인기가 되면 점차 하강하는 패턴을 보인다.

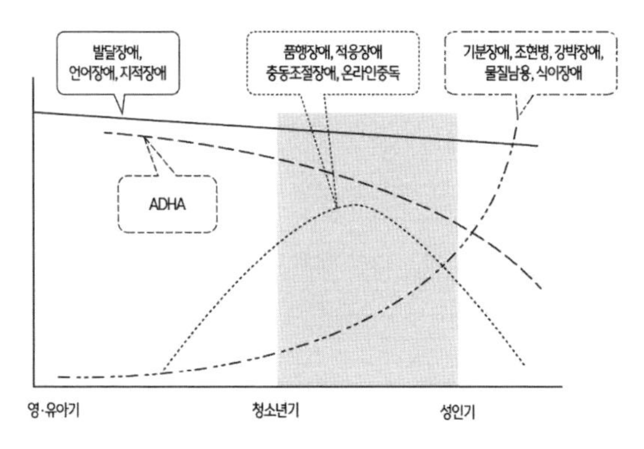

[그림 2. 생애 주기별 정신 건강 문제의 발병 시점[16]]

- 전두엽 vs 변연계

청소년들이 다른 발달 단계보다 높은 충동성과 공격성을 보이는 요인에는 미완성된 전두엽의 발달과 관련이 있다. 전두엽은 성인기 연령인 20대 중반이 돼야 그 발달이 완성되기 때문에 청소년들은 변연계가 과잉 활성화되어 높은 충동성 등을 보이게 된다. 적어도 20대 후반이 되어야 자기 내면의 문제를 다룰 방법이나 기술이 어느 정도 숙련되는 것을 의미한다.

필자가 현장에서 중·고등학생들을 상담하게 되면 이들 간의 충동성과 감정적 대처의 수준 차이를 볼 수 있다. 중학생들은 사소한 상황과 문제에서 좀 더 감정적이고 충동적으로 선택하거나 말하는 모습을 보인다. 반면에 고등학생들은 더욱 차분하고 이성적인 대처와 생각의 모습을 보인다. 대체로 필자가 상담할 때 중학생보다 고등학생과 안정적인 의사소통이 용이하며 좀 더 원만한 상담을 진행하게 된다.

16) 출처: 「10대 놀라운 뇌, 불안한 뇌, 아픈 뇌」. 김붕년 (2021). 코리아닷컴 재인용

- 긴장 이완 방법

요즘의 청소년들은 만연된 스트레스와 경쟁의 현실 속에서 삶을 살고 있다. 안타깝게도 과도한 학교 공부, 가족, 친구 관계에서 발생하는 스트레스 등 청소년이 인지하는 불안의 수위는 점점 높아지고 있다. 불안과 스트레스를 경험하는 청소년들에게 간단한 이완 기법을 [표 11]로 제시하였다.

기법 이름	동작 설명
전두엽과 뇌간 이완하기	이마 부위의 전두엽 부분과 목 주변의 뇌간 부분을 손으로 만져주며 부드럽게 터치를 해줌으로 긴장과 불안의 감정을 이완해 주기
몸 감각 두드리기	오른쪽 검지 손가락 끝으로 왼쪽 손등, 손목, 팔꿈치 방향으로 쭉 올라가며 어깨까지 톡톡 두드려 본다. 손을 바꾸어서 반대쪽도 해주기
감정에 이름 붙이기	아이들이 불안과 스트레스로 인해 힘들어할 때 자신들이 느끼는 감정을 의인화해서 제시해 보기.
오감 위안하기	시각(풍경, 자연 사진), 청각(조용한 음악, 자연소리), 촉각(헝겊, 곰 인형), 미각(사탕, 아이스크림) 등의 오감을 만족시키는 것을 해보기

[표 11. 이완 기법]

Special tip 효율적인 청소년기 상담 개입

* 정서·행동 특성검사에서 관심군으로 분류가 되었다고 연락 받아도 당황해하지 마세요. 검사의 결과는 그날 학생들의 심리적 상태와 상황에 따라 차이가 날 수 있습니다.

* 실제 정서·행동 특성검사에서 상담해야 하는 결과가 나와도 청소년 상담복지센터나 사설 상담센터에서 활용하는 더욱 일반적인 심리검사를 할 필요가 있습니다.

* 지역 내의 청소년 상담복지센터에서는 청소년들의 심리 상담에 대한 개입을 무료로 지원하고 있습니다.

* 청소년들이 불안해하거나 스트레스를 보인다면 이완 기법을 통해서 불안과 스트레스를 줄일 수 있습니다. 162 페이지[표 11]의 기법들을 함께 적용해 보면 도움이 될 것입니다.

Self Check 중 2병 테스트[17)]

청소년들의 사춘기를 '중 2병'으로 정의하던 시절이 있었습니다. '중 2병'은 심리 정서적인 정신장애가 아닌 사춘기를 보내는 청소년들의 심리 및 정서적 충동성과 고유적 특징을 대표하는 신조어이기도 합니다. 자녀들과 다음 표 문항에 해당하는지 점검해 보고 이야기해 본다면 자연스럽게 소통의 기회가 될 것입니다.

▸ 해석 : 10개 이상이면 중2병. 15개 이상이면 타인에게 민폐를 끼치는 수준, 18개 이상이면 상담이 필요할 수 있습니다.

▸ 주의 : 본 중2병 관련해서 제시된 설문지에서 10개 이상이라고 심리 정서적으로 문제가 있는 것은 아니며 단지 사춘기의 경향성이 두드러짐을 의미하는 것입니다.

17) 출처: 「중2병의 비밀」. 김현수 (2015). Denstory. 재인용

No	문항	(O,X)
1	나는 남들과 다르다고 생각한다.	
2	마음만 먹으면 무엇이든 할 수 있다고 생각한다.	
3	오랜 시간 망상에 빠져 스스로를 만화 주인공이라 생각할 때가 많다.	
4	자신이 우울증에 빠져 있다고 생각한다.	
5	자신의 SNS나 블로그에 오글거리는 멘트를 많이 적어놓는다.	
6	유난히 이성 앞에서 허세를 많이 부린다.	
7	비현실적인 소설을 작성한다.	
8	혼자서 중얼거린다.	
9	칼을 갖고 다니는 걸 자랑스럽게 생각한다.	
10	파멸, 피, 광기 등 영화에나 나올 법한 단어를 거리낌 없이 내뱉는다.	
11	자신보다 약해 보이는 사람에게는 이유 없이 강하게 대한다.	
12	뭐든 부정적으로 보는 성향이 크다.	
13	무슨 뜻인지도 모르면서 말을 내뱉고 멋있다고 생각한다.	
14	나는 남들보다 불행한 사람이라고 생각한다.	
15	스스로 큰 상처를 갖고 있다고 여긴다.	
16	온라인에서 '----'을 많이 붙인다.	
17	주먹으로 벽을 치거나 가래침 뱉는 걸 자랑스럽게 여긴다.	
18	깡패는 나의 우상이다.	
19	종종 자살을 생각한다.	
20	아무 이유 없이 무뚝뚝한 표정으로 남들을 바라본다.	

진로에 대한 준비

- 자아 정체감의 성취와 혼돈

청소년기는 심리·사회적으로 다른 발달 시기보다 다양한 변화를 경험하고 여러 어려움도 감당해 내야 하는 시기이다. 특히, 학업과 진로에 대한 부담과 자신이 누구인지를 파악하고 알아야 하는 내적인 차원도 점검해야 하는 일종의 전환기적 시기를 경험하고 있다. 청소년 시기 고유적 특성을 반영하여 에릭 에릭슨은 청소년기 심리·사회적 갈등을 하나의 발달단계로 '자아 정체감 대 역할 혼돈'으로 설명하였다.

이 시기의 청소년들은 자신에게 '나는 누구인가?', '나는 역할을 수행할 수 있는가?', '앞으로 미래에 나는 어떤 직업을 갖고 지낼 수 있는가?'와 같은 질문을 함으로써 한 존재로서 자신의 자아개념을 형성하는 것을 의미한다. 이러한 질문에 대해 자기 스스로 답을 얻은 청소년들은 안정되고 건강한 자아 정체감을 성취함으로 일관적이고 안정된 진로를 구축할 수 있다. 반대로 그렇지 못할 경우 '역할 혼돈'을 경험함으로써 정서적 불안정성과 자신에 대해 끊임없는 고민을 하게 된다. 예를 들어 필자가 대학교 학생상담센터에서 상담하면 대학교 진학 이후 편입이나 다른 학과로 전과하는 것을 고민하는 대학생들을 상담하였다. 편입이나 전과 자체가 부정적으로 볼 것은 아니지만 이런 고민을 하는 청소년일수록 부모님의 원하는 바에 따라, 다른 친구의 제언으로 대학교를 선택한 경우가 많았다. 이런 부분들이 불분명한 자아 정체감을 확립한 것과 관련성이 있다. 자신이 누구이고 내가 어느 분야와 학과에 더 관심과 흥미가 있는지 중·고등학교 시기에 파악했다면 자신이 원하는 학과로 전공을 선택했을 것이다.

결국 자아 정체감의 성취는 결국 자신들의 진로를 탐색하고 적합한 직업과 진학에 대한 길을 알게 되는 것과 관련이 있다. 이에 중학교 시기와 고등학교 시기로 구분하고 각 시기에 어떠한 진로 준비를 해야 하는지 설명하려고 한다.

- 직업정보와 청소년기 진로 준비

직업정보는 고용동향, 취업정보, 직업분류체계, 노동의 수요 및 공급, 노사관계, 임금, 자격정보, 직업구조와 직업군, 취업동향 등과 같이 직업 및 진로와 연관된 정보를 의미한다. 직업정보는 청소년의 발달단계에 따라 차이가 존재한다.

예를 들어 중학생의 경우에는 고등학교 진학과 관련된 입시 정보 등이 중요한 직업정보가 될 것이며 반면에 대학생의 경우에는 당사자가 지원하는 회사에 대한 정보와 자격 사항 등이 해당이 될 것이다. 직업 정보는 한 개인의 취미와 능력을 아는 것에서부터 자신이 진학하거나 취업하려는 조직이나 학교에 대한 정보에 이르기까지 그 범위와 내용이 방대한 편이다. 최근에는 직업정보가 커리어넷, 워크넷 등과 같은 홈페이지로 고안이 되었다.

수퍼Super의 진로 발달 이론에 의하면 중학교 시기부터는 탐색기로 규정을 하였으며 이 시기에는 자신의 흥미와 적성에 부합되는 직업과 진로에 대해 좀 더 구체적으로 확인하는 시기이다.

'탐색(Explore)'이라는 단어에서 알 수 있듯이 아직은 진로가 결정된 것이 아니고 청소년이 어떤 흥미와 영역에 관심을 보이고 있으며 관심을 보인다면 관심 분야에 경험을 쌓을 수 있도록 지원해야 한다. 정부 산하기관에서 운영하는 웹사이트인 커리어넷

www.career.go.kr과 워크넷www.work.go.kr을 통해 직업심리검사를 실시하면 청소년의 진로 관련 개인적 특성을 파악할 수 있다. 직업심리검사를 실시하는 것은 청소년 개인에 대해 알아가는 작업이며 검사를 통해 알게 된 자기 인식은 앞으로 나아가야 할 방향에 대해 구체적인 준비를 할 수 있게 한다.

- 입학사정관제도 도입

필자가 대학교 준비하던 1990년대 중반 대학교 입시 전형은 지금에 비하면 많은 부분에서 간단하였다. 수능과 내신 성적이 주요 대학 입시의 주요 수단이었으며 사회자 배려 전형인 농어촌 전형이 도입되었다.

획일적인 수능과 내신 중심의 대입은 학생들의 다양한 능력과 가능성을 면밀히 파악하고 점검할 수 없다는 문제점이 대두되었고 2007년부터 본격적으로 도입된 것이 입학사정관제도였다. 입학사정관제도는 시행 이후 여러 논란이 있었으나 일부 수정해서 현재까지 대입 전형으로 운영되고 있다.

청소년들이 원하는 고등학교와 대학교를 준비하기 위해 어떤 작업이 선행되어야 하며 어떤 준비를 해야 할까?

그것의 시작은 '나'를 아는 것이 먼저 되어야 한다. 왜냐하면 어린 시절부터 한 분야나 특정 주제에 대한 일관된 진로 스토리를 형성하고 성장해 왔는지 입학사정관제도를 통해 점검하기 때문이다. 필자가 상담한 한 청소년은 곤충에 대한 관심이 남달랐다. 이 친구는 학교 내신이나 성적은 다른 학생에 비해서 좋지 않았지만, 회원이 만 명 이상 되는 곤충 관련 카페를 운영하였다. 이 카페를 통해 자신이 키운 장수풍뎅이나 사슴벌레 애벌레 등을 키우는 방법을 카페에 작성하였으며 다른 종의 사슴벌레와 교환도 하였다. 여러 지역을 돌아다니며 지역별 사슴벌레의 특징과 차이점을 카페에 기록했다. 이렇게 그 청소년은 일종의 포트폴리오 작업을 중학교 때부터 시작하였으며 포트폴리오 작업을 통해 입학사정관제를 준비해서 자신이 원하는 곤충 관련 전공으로 대학교 입학을 하였다.

- 자유학기제

2015년부터 시행이 된 자유학기제는 중학교에서 한 학기 또는 두 학기 동안 학생 참여형 수업 및 과정 중심 평가를 통해 청소년들이 자기 잠재력 및 자기 주도적 학습 능력 등을 키우고 청소년들의 전인적 성장을 위해 고안된 정책이다. 이는 아일랜드의 전환학년제와 유사한 것으로, 전환학년제는 1974년 리처드 버크 Richard Bucke 당시 아일랜드 교육부 장관이 시험의 압박에서 학생을 해방하고 폭넓은 학습경험을 유도하겠다며 도입한 제도다. 전환학년제 동안 지필고사를 생략하거나, 학교 자율적으로 기업과 지역사회의 도움을 받아 진로 체험 활동 프로그램을 짜는 방식도 자유학기제와 유사하다.

하지만 우리나라의 자유학기제가 중학교 6개 학기 중 한 학기 또는 두 학기 동안 운영되는 정규 교육과정 모델이지만, 전환학년제는 진로 탐색을 위해 학생이 추가로 1년을 학교에 다니게 한다는 점에서 다소의 차이가 있다. 또한 자유학기제는 기존의 암기 위주 교육에서 벗어나 학생들의 실질적 성장을 돕기 위해 수업과 평가의 변화에 초점을 맞추고 있고, 교과수업 및 다양한 자유 학기 활동과 연계한 체험활동으로 구성되고 있다.

미국 등 다른 나라에서는 고등학교를 졸업한 뒤 대학에 진학하지 않고 다양한 경험을 통해 진로를 탐색하거나 자신이 나아갈 방향을 탐색하는 기간을 두고 있다. 이 기간을 갭이어(Gap year)라 하며 인턴십이나 여행, 워킹홀리데이를 활용함으로써 자신을 확인하고 알아가는 시간을 보낸다. 갭이어[18] 홈페이지를 통해 갭이어 관련 정보와 프로젝트 정보를 습득할 수 있다.

현재 중학교 교육 기간에 제공이 되는 자유학기제는 중학생에 대한 일종의 갭이어라 할 수 있다. 자유학년제 활동은 진로 탐색 활동, 주제 선택 활동, 예술·체육활동, 동아리 활동, 학교 우수 사례 나누기 등으로 구성되어 있다. 자유학기제와 관련된 그 외 정보는 서울특별시[19]와 대전광역시의 자유학년제지원센터[20]의 홈페이지를 통해 확인할 수 있다.

- 중학생의 진로에 대한 준비

본격적인 진로에 대한 준비는 청소년들이 처한 상황과 가족 등 사회경제적 요인 등에 따라 차이를 보일 것이다. 일반적으로 중학생의 시기는 아동기에서 성인기로 이행하는 과도기로서 정신적으로나 육체적으로 급격하게 성장하고 다양한 변화와 발달 양상을 보이게 된다.

중학교 시기의 진로 발달은 이론가의 입장에 따라 이 시기의 진로에 대한 교육과 준비 사항에 차이가 발생한다. 일반적으로 자신의 특성에 대해 객관적인 이해를 해야 하며 자신의 지적 능력, 소질과 적성, 흥미와 신체적 능력 등을 평가해야 하는데, 이

---

18) https://www.koreagapyear.com
19) https://www.sen.go.kr/sfree(서울특별시교육청 자유학기제 지원센터)
20) https://www.dje.go.kr/freesem/main.do(대전광역시교육청 대전자유학기제지원센터)

는 자유학기제를 통해 도움을 받을 수 있다. 대부분은 중학교에 입학하면서부터 학부모들과 청소년들은 진로에 대해 고민하기 시작한다. 이는 자유학기제가 현실적으로 중학교 시기에 배정된 것과도 관련이 되며 비록 중학교에 입학해서 학생의 진로에 대한 준비가 되어 있지 않다고 해도 자유학기제를 적극적으로 활용하면 앞으로 학생의 진로를 준비하는 데 구체적인 계획에 대한 자료가 될 것이다.

- 특성화 고등학교에 대한 이해

필자의 중학교 3학년 때 입학이 가능했던 고등학교는 크게 인문계, 실업계(농고, 공고, 상고 등), 과학고와 외국어고 등으로 분류되었다. 20년이 지난 지금 고등학교의 분류는 그 종류도 다양해졌다. 그중 최근 학부모들이 관심을 두는 고등학교 유형 중 하나는 특성화 고교일 것이다. 특성화 고교는 기존 실업계 고등학교의 대안적인 학교 모형으로 만화와 애니메이션, 요리, 영상 제작, 관광, 통역, 금은보석 세공, 인터넷, 멀티미디어, 원예, 골프, 공예, 디자인, 도예, 승마 등 다양한 분야에서 재능과 소질이 있는 학생들에게 맞는 교육을 실시하는 학교이다.

특성화 고교는 다시 직업교육 분야와 대안교육 분야로 분류된다. 이 중 전자를 흔히 특성화 고등학교로 후자를 대안학교로 부른다. 현행 「초·중등교육법」은 고등학교를 일반계 고등학교, 실업계 고등학교, 특수목적고등학교, 산업체 부설고등학교, 방송통신고등학교, 특성화 고등학교 등으로 구분하고 있다.

- 인문계 고등학교와 특성화 고등학교 사이에서

어떤 청소년들이 인문계 고등학교와 특성화 고등학교에 진학하는 것이 적합할까? 실제 현장에서도 두 유형의 고등학교 진학에 대해 고민하는 청소년들을 빈번하게 만나고 있다. 이 고민은 대체로 중학교를 입학하면 시작한다.

진로 고민을 하는 청소년들 상담을 하면 다음 사항을 점검한다. 특정한 분야에 대한 관심과 절정 경험(Peak Experience)의 유무이다. 절정 경험은 인본주의 심리학자인 아브라함 매슬로 Abraham Harold Maslow, 1908~1970를 통해서 제안된 개념인데 행복과 완벽의 순간을 느끼는 만족과 쾌락의 체험을 의미한다.

예를 들어 어린 시절부터 축구와 씨름을 좋아했던 청소년들은 운동 관련해서 실적과 명성이 있는 학교로 입학을 준비하면 고등학교에 진학해서도 운동선수로서 일관적인 진로를 준비할 수 있다. 디자인에 관심이 있었던 한 청소년은 디자인 관련 프로그램이나 잡지 등을 보면서 자신의 관심 영역을 넓혀 갔고 디자인 학원에 다니면서 해당 분야에 대한 실력을 향상할 수 있었다. 나의 경우 초등학교 때부터 농구에 관심이 많았다. 그래서 집에 농구 골대도 만들고 농구를 즐겼다. 보통 농구를 하다 보면 프로 선수들처럼 슛을 던질 수 있어야 하는데, 그렇게 하기 위해서 손목 스냅 힘을 조절해 공을 가볍게 던져야 한다. 프로 농구 선수들과 유사한 슛 자세에 익숙해지기 위해서는 많은 연습이 필요하다. 그때 나는 시간 가는 줄 모르고 슛연습을 하였으며 유명한 선수들의 슛 자세와 내 슛 자세를 따라 해 보고 점검함으로써 최종적으로 멋있는 슛 자세를 갖게 되었다. 이러한 나의 경험은 지금에 와서 회상해 보면 일종의 몰입 경험에 해당한다. 그렇다면 특정 분야에 대한 절정 경험이 부족하면 그 청소년은 문제가 있는가? 그렇지 않다. 한 사람의 진로라는 것이 청소년마다 때가 있기 때문에 무엇보다도 아이들의 관심을 유발하고 기다려 주는 것이 필요하다.

- 고등학생의 진로 준비

고등학교에서의 진로 준비는 내가 어디로 가려고 하는지를 정확하게 아는 것이 무척 중요하다. 그 목표에 도달하기 위해 어떤 준비와 선택을 해야 하는지를 파악하는 것, 내가 하려는 것이 과연 어떤 의미인지를 제대로 알아야 할 것이다. 고등학교의 진로 교육은 미래 직업 세계 변화에 대한 이해를 바탕으로 자신의 진로 목표를 구축하고 구체적인 직업 정보 탐색을 통해 고등학교 이후의 진로 계획을 수립하고 실천하기 위한 역량을 개발해야 한다. 중학교 시기가 자신이 어떤 분야에 흥미가 있으며 자신의 가능성을 좀 더 아는 것에 중점을 두었다면 고등학교 시기는 취업과 진학의 막다른 시점이기에 더 현실적이고 구체적인 진로에 대한 계획을 수립해야 한다. 그렇기 때문에 당장 진로 선택에 도움이 될 만한 직업에 대한 정보를 제공하는 것이 고려되어야 한다.

- 4차 산업 시대의 진로 준비법

이미 몇 년 전부터 4차 산업 시대라는 단어는 많은 분야와 매스컴에서 인용되고 관심이 증폭되는 단어이다. 이와 관련해서 4차 산업혁명의 특징은 '융합(Convergence)'이라는 단어에 있다.

이전의 1·2·3차 산업 시대에는 주로 농업·제조·의료 등 해당 분야 기술이 요구하는 능력을 높이고 생산력을 향상하는 데 중점을 두었다. 그러나 4차 산업은 다양한 영역과 영역 간의 장벽을 허물고 다양한 직무 능력을 보유해야 하는 것이 특징이다. 상호 간에 관련이 없었던 분야의 지식이나 기술이 상호 간에 융합하여 새로운 가치와 지식이 산출되는 데 의미가 있다.

4차 산업의 흐름인 대학의 학과 전공에서도 그 특성을 살펴볼 수 있는데, 예를 들어 글로벌경영학과, 융합 IT 학과, 심리 뇌과학과, 화학 융합공학부와 같은 학과들이 각 대학에 개설되고 있다. H 대학교 심리 뇌과학과의 경우 인공지능과 심리학을 융합한 학과로써 기존 생물학, 물리학, 수학, 공학에 의해 발전되었던 두뇌인지 기능에 대한 연구를 최신 인공지능 기술과 접목하여 연구하고 공부하게 된다.

융합 전공의 증가와 탄생은 결국 새로운 직업과 전공이 만들어지는 하나의 흐름이 될 것이다. 앞으로 미래를 준비하는 학생들은 자유로운 사고의 능력이 중요하다. 하나의 생각에 고착이 되지 않는 유연성과 다양한 기회를 인식하고 자신의 것으로 소화해 내는 능력이 필요함을 의미한다.

- 지식의 반감기 시대, 평생교육의 시대로

하버드 대학의 석학인 새뮤얼 아브스만samuel arbesman은 모든 지식이 유효기간을 갖고 있다면서 '지식의 반감기(The half-life of facts)'라는 개념을 고안하였다. 그는 핵물리학에서 방사능 물질의 세기가 절반으로 줄어드는 현상을 설명하는 용어인 '반감기'를 지식의 수명에 적용한 것이다. 지식의 반감기는 우리가 배우는 전공 관련 지식을 사용할 수 있는 시간에 한계가 있음을 의미한다.

현대사회의 과학 문명이 발달할수록 지식의 유효기간 또한 점점 줄어들고 있다. 과거의 예를 들면 학사 학위만 소유하고도 평생을 한 직장과 회사에서 종신으로 한 개인의 미래를 책임 져주던 시기에는 지식의 사용 기간이 길었다 볼 수 있다.

그러나 지식의 반감기가 갈수록 심화하고 있는 시대에 개인이 인생의 특정 시기에 집중적인 교육을 받는 제도권의 교육 시스템은 앞으로 가치가 하락할 가능성이 크다. 한 개인이 직업을 5개 이상 전환해야 하는 시기가 도래된 지금에는 더욱 그러하다. 또한 앞으로 미래의 주역이 될 청소년들이 접하는 시대는 스스로 학습자가 되어 끊임없이 변화하는 세상의 흐름에 발맞추어 새로워지는 지식을 탐구해야 할 것이다.

이러한 흐름의 방향 가운데 각 대학교 평생교육원의 교육 취지가 실용적이고 사회적 흐름을 반영하는 것으로 풀이될 수 있다.

Special tip 청소년기의 진로 교육은?

* 청소년기 시절 진로의 시작은 개인이 무엇을 좋아하고 어떠한 흥미가 있으며 몰입 경험이 있는지를 점검하는 것부터 시작합니다. 학생들이 좋아하거나 관심을 보인 분야가 있으면 이를 말해주고 지지해 주세요.

* 중학교 시기의 진로는 어떠한 분야에 대해 흥미를 갖는 것부터 시작하게 됩니다. 그렇기 때문에 이 시기에는 다양한 진로 관련 체험 활동의 시간을 갖도록 지원해 주세요.

* 고등학교 시기의 진로는 취업과 진학을 선택해야 합니다. 취업할 경우와 진학을 할 경우의 구체적인 청사진을 함께 세워보고 점검하므로 아이들이 현실적인 결정을 갖도록 해주세요.

Self Check 진로 브랜딩 방법

진로의 형성 과정은 개인에 대한 이해를 토대로 시작하게 됩니다. 학생들이 자신에 대해 무엇을 알고 있으며 어떠한 사람인지를 알게 될 때 구체적이고 자기의 원함을 반영한 진로를 찾을 수 있게 됩니다. 다음 표를 통해 아이들의 모습을 구체화하면 도움이 될 것입니다.

✐ 진로 브랜딩 방법

나는 무엇을 좋아하는가?
- 절정 경험 탐색하기 (1) 어떤 일을 하고 싶은가? (2) 취미나 학교 교과목 중에 집중을 오랜 시간 한 적이 있는가? (3) 집중을 오래 한 분야나 교과목 등을 적어보자.
- 흥미 유형(HOLLAND)이나 성격 유형(MBTI) 파악 해 보기 (1) 나의 흥미 유형은 어떠한가? (2) 나의 성격 유형은 어떠한가? (3) 성격 유형과 흥미 유형에 부합되는 직업은 어떠한가? (4) 나의 흥미 및 성격 유형과 연관된 직업 중에 관심 가는 직업군과 새롭게 알게 된 직업군은 어떠한가?

공부의 여러 가지 방법

한 사람이 일정 영역의 진로를 선택하고 그와 관련된 자격증을 취득하며 전문가로서 성장하는 그 기본에는 공부가 선행되어야 한다. 우리가 알고 있는 주요 전문직 관련 학과에 진학을 원한다면 수능과 내신에서 상위권 성적을 얻어야 진학이 용이해진다.

그렇기 때문에 구체적인 진로를 세우는 것도 중요하지만, 자신에게 맞는 공부 습관과 방법을 체득하는 것 역시 선행되어야 할 것이다. 청소년기의 자녀를 두거나 곧 청소년기에 진입하는 자녀를 둔 부모와 지도자들은 청소년 학업 지도를 위해 청소년에게 맞는 공부 방법을 파악하고 있어야 한다. 공부 방법을 단기적 공부법과 장기적 공부법으로 분류를 해서 설명을 해보고자 한다.

- 단기적 안목의 공부

단기적 안목의 공부는 대부분의 청소년이 학교에서 실력을 다지는 중간고사나 기말고사, 성인들의 경우는 자격증 시험 등을 준비할 때 적용이 된다. 이러한 시험들은 해당 과목의 이론적 내용을 학년별로 나누어서 중간고사와 기말고사의 형태로 시험을 치르게 된다. 이때 기말고사와 중간고사 시험을 공부하고 시험을 준비하면서 청소년들은 다양한 과목의 주요 사항들을 학습하게 되며 내신 성적이라는 명목하에 그 성취가 기록된다.

단기간 공부의 중간고사와 기말고사는 향후 수능, 내신성적 등의 시험 평가로 그 결과를 산출함으로써 대학교 입학에 중요한 영향력을 발휘하게 된다. 중학교와 고등학교 시기에 전체적으로 중간, 기말고사를 보기 때문에 비록 단기간 공부의 차원이지만 학생들이 공부에 대한 동기와 왜 공부를 해야 하는지에 대한 이유를 제공해야 하는 것이 중요하다고 생각한다.

중간고사와 기말고사의 시험을 통해 학생들이 관심 있는 분야에 대한 다양하고 많은 정보가 축적된다. 보통 우리가 어떤 특정 분야를 익힐 때는 해당 분야의 단편적 지식을 일차적으로 습득하는 것이 필요하다. 예를 들어 어떤 학생이 코끼리에 대하여 관심이 있다면 기본적으로는 코끼리의 습성이나 특징과 패턴 등을 그림이나 도표, 그리고 책으로 암기하고 습득하는 것으로부터 시작이 된다. 기본적인 코끼리의 특성을 습득한 후에 코끼리의 종류와 사는 지역의 차이점 등을 연결해서 깊이 있는 학습을 할 수 있다. 정리하자면 기말고사나 중간고사, 그리고 자격증 시험처럼 다양한 과목과 일정 주제 하나를 반복해서 학습하고 암기하는 것은 지식 기반의 주춧돌이자 그 시작에 영향을 끼치게 된다.

- 장기적 안목의 공부

장기적 안목의 공부는 공부에 깊이와 전문성을 증폭해 가는 방법이다. 즉, 풀리지 않는 고난도의 문제를 해결하기 위해 하나의 주제, 분야와 연관된 정보를 찾아보고 장기간 그것에 대해 고려해 보고 점검하는 것이다. 주요 개념 간의 공통점이나 차이점을 파악하고 때로는 더 나은 대안을 파악하거나 다른 분야의 특성과 패턴 등을 융합하며 새로운 자기만의 전문 지식을 창안하는 공부법이다.

장기적 관점 공부 방법을 청소년들이 실천함으로써 기본의 정보와 내용들이 서로 융합되고 새로운 정보가 창출될 수 있다. 자신이 관심 있는 분야에서 자신만의 의견과 고유적 견해와 자신만의 고유한 관점을 만들 수 있는 문제해결 능력 또한 촉진될 수 있다.

장기적 안목 공부의 한 예로서 논문을 작성하는 것이 해당한다. 보통 대학원에서 학위를 취득하려면 논문을 작성해야 하는데, 논문을 작성한다는 것은 해당 분야의 특정 주제에 대해 연구를 시작한다는 의미이다. 예를 들어 수원에 살고 있는 까치들의 크기가 다른 도시에 있는 까치들보다 클 때 특성을 파악하고 그 이유를 찾아내기 위해 해당 주제의 해외 논문과 관련 서적들을 탐독하며 가설에 대한 답을 일종의 형식을 갖춘 논문으로 답안을 제시하는 것이다.

사이토 다카시(2014)의 '내가 공부하는 이유'를 통해서 공부법에 대해 살펴보면 저자는 호흡이 얕은 공부와 호흡이 깊은 공부의 두 가지 공부법을 제시하였다. 먼저 호흡이 얕은 공부는 살아남기 위해, 성공하기 위해 하는 공부이며 이 공부법은 '인생의 호흡을 얕게 하는 공부'로 정의하였다. 이 책에서는 일정한 목표 성취를 하면 마무리가 되기 때문에 호흡이 짧은 공부로 정의하였다. 예를 들어 토플 200점 이상 향상하기, 전공 영역의 자격증 취득하기 등이 '호흡이 짧은 공부'에 해당이 된다. 이 공부법은 자기의 발전을 위해서 노력한다는 점에서 일시적인 만족감은 받을 수 있지만, 궁극적으로 생각하는 힘을 키워주고 자신만의 견해와 안목을 갖게 하는 데는 한계가 있다.

두 번째로 '호흡이 깊어지는 공부'란 문학, 철학, 물리학, 수학, 예술 등의 순수 학문을 공부하는 것을 말한다. 이런 학문을 전공자들처럼 깊이 있게 하는 것이 아니라 공부의 수준과 목표는 개인별로 자유롭게 정하게 하고 단지 교양 수준의 공부하는 것을 의미한다. 이 공부법을 통해 우리의 지식 체계를 다양하고 풍요롭게 해 주고 생각하는 법을 키워주게 된다.

필자의 대학교 은사께서는 총 8학기 동안 학기별로 특정한 주제를 갖고 공부할 것을 제안해 주셨다. 예를 들어 1학기는 미술, 2학기는 음악, 3학기는 세계사 등 관련 책을 읽고 지식을 습득하면 전공 지식과 더불어 균형 있는 교양을 습득할 수 있기 때문이었다. 비록 그렇게 실천하지 않았지만, 현시점에서 은사님의 제언이 중요했음을 인지하게 된다.

- 노벨 수상자들의 공부법

인류사의 특정 분야에 현저한 공헌을 한 사람은 매년 전 세계적으로 노벨상을 받게 된다. 아쉽게도 우리나라의 노벨상 수상자는 옆 나라 일본과 비교해서 현저하게 낮은 것이 현실이다. 그렇다면 노벨 수상자들의 학습에 있어서 공통점은 무엇일까?

이들의 학습과 연관된 공통점은 오랜 시간에 걸쳐서 자신이 관심 있는 분야에 대해 깊이 있게 생각하고 다양한 정보와 견해를 찾고자 했던 열정이 밑바탕이 되었던 것으로 나타났다. 노벨 수상자들은 남들이 쉽게 하지 않는 결정과 호기심과 즐거움을 따라 연구와 공부를 병행한 모습이었다.

Special tip 청소년기의 공부 방법은?

* 공부의 방법은 단기간의 공부를 통해 지식을 습득하는 공부와 오랜 시간 한 주제를 가지고 깊이 학습하는 장기간 공부의 방법이 있습니다.

* 우리 아이는 어떠한 공부 방법을 하고 있습니까? 부모님이나 개인의 경험을 살펴보고 어떠한 공부 방법이 자신에게 맞았는지 이야기를 해보는 것도 의미 있을 것입니다.

아이들의 어깨가 나의 어깨와 나란히 하게 될 때

나의 청소년기를 회상해 보면 거대한 존재처럼 보이던 삼촌과 아버지의 어깨가 비슷해지던 시기가 오게 되었다. 그 시기쯤에 나는 부모님보다는 친구들과 더 많은 시간을 보내게 되었고 반대로 부모님과의 대화는 점점 줄어들었다. 가끔 밤늦게 들어와서 부모님과 갈등도 보였다. 그래도 부모님은 청소년기의 특성을 이해해 주고 지켜봐 주셨기에 무난한 청소년기를 지내지 않았나 생각도 든다.

최근에는 과거에 규정했던 가치관과 사고의 변화가 어느 때보다 급격한 변화를 보여서 청소년 지도와 훈육에 어려움을 보이는 것을 빈번하게 보게 된다. 세상 변화 흐름에 학부모들이 적응하기가 쉽지 않다.

- 나를 알면 내 아이가 보인다

부모가 된 이상 우리는 자녀들에 대해 누구보다 잘 알고 있다고 생각할 수 있다. 그러나 빠른 변화를 보이는 청소년기에 놓인 우리 자녀들을 보면 우리의 생각이 너무나 고정적이며 단순하다고 생각하게 된다.

우리 자녀들과 연관해서 우리는 표면적인 부분에 대해 아는 것을 가지고 다 아는 것으로 착각하거나 쉽게 재단하지는 않는지 점검해야 할 것이다. 과연 여러분이 알고 있는 아이들에 대한 내용과 정보가 그 누구보다 정확히 안다고 확신할 수 있을까? 우리 아이들을 다 안다고 생각하기 이전에 먼저 부모 된 우리들에 대해 알아야 하는 것이 선행되어야 할 것이다.

- 인생의 또 다른 사춘기, 중년의 시기

아이들이 청소년기의 정점 시기로 돌입하게 되면 부모님들의 연령이 중년의 시기와 맞닥뜨리게 된다. 서로가 비록 다른 발달의 시기에 공존하게 되지만, 인생의 발달 과정에서 아이들은 제1의 정체성의 형성 시기를, 부모님들은 제2의 정체성의 형성 시기를 보내는 것이 공통점이다. 특히 부모님들의 경우 그동안 자신이 구축해 온 커리어와 다양한 역할에 대해 질문을 하게 되는 모습의 욕구를 갖게 된다. 결혼하기 이전의 앞만 보고 달려오던 삶의 자세를 잠시 유보하고 내가 어떤 목표와 가치관을 향해 에너지를 쏟고 달려왔는지를 고려하게 된다.

성인의 중년기 발달 과정을 연구한 칼 융[Carl Jung, 1875~1961]에 의하면 사람들이 중년기가 되면 자신만의 길과 진로를 형성할 것을 권고하고 있다. 흔히 인생의 봄에 찾아오는 사춘기에 비교해서 칼 융이 강조하는 중년기를 '사추기(思秋期)'라고도 한다. 인생 오전의 시기가 자신의 정체성과 커리어를 준비하기 위해 바쁘게 삶을 영위했다면, 인생 오후기로 접어들수록 자기 내면과 만나는 시간을 갖게 될 때 균형 있는 중년기를 맞이하고 지혜롭게 중년기 위기에 대해 대처할 수 있게 된다. 예를 들어 인생의 오전기인 40세 이전에는 주로 여성적인 취미와 직업 등에 종사했다면 오후기인 중년기에는 이와 반대 성향의 직업과 여가생활을 해보는 것도 고려해 볼 만한 방법이다.

- 나의 바쁨과 분투(奮鬪) 중이었던 인생의 오전기

중년의 즈음에 대개의 성인은 여러 개의 페르소나(Persona) 즉, 사회적 가면이나 역할을 갖게 된다. 현실 생활 속에서 '누구의 아빠', '누구의 엄마', '무슨 회사의 부장', '무슨 회사의 사장' 등과 관련이 있는 것이 페르소나이다. 인생 오전의 시기는 다양한 페르소나를 형성하고 갖추기 위해 우리는 치열하게 준비하며 여러 일들을 처리하는 데 시간을 보냈다. 문제는 이러한 페르소나가 자신과 강하게 동일시될 때 오직 그러한 페르소나를 나의 모든 정체성처럼 인식할 때 내적인 갈등을 겪게 된다. 예를 들어 한 조직에서 사장의 역할을 하는 남성이 집에서도 자녀와 부인에게 마치 사장의 역할을 요구하면 이는 그 남성이 페르소나와 강한 동일시를 하는 것이다. 비록 회사에서는 사장의 역할을 하였지만, 집에 오게 되면 남편과 아버지로서 역할을 충실하게 할 때 원만한 관계를 가족 구성원과 유지하게 될 수 있다.

일정 수준에서 페르소나는 현실 세계에서 우리의 자아 정체성을 대변하는 순기능을 한다. 그렇지만 페르소나가 너무나 강하게 연결이 될 때 우리는 사회적인 가치와 역할에 순응하는 모습으로 삶을 살게 된다. 즉, 사회적인 역할만이 가치 있게 되고 나의 내적인 가치와 그 가치로 원하는 모습을 파악하는 데 혼선을 겪게 된다. 이러한 내적인 갈등이 심해지면 칼 융은 중년의 위기를 경험하게 된다고 설명한다. 칼 융이 말하는 중년의 위기는 그동안 구축해 온 자기 삶에 대한 회의를 느끼거나 무기력 등 부정적 정서를 인지하므로 파악할 수 있다. 중년기의 위기는 자기 내면 변화의 요구를 무시하고 오직 부모로서, 사회인으로 해야 할 역할에만 과몰입하게 될 경우 다가오게 된다.

- 웰빙 중년기 그 방책은?

중년기의 위기에 대해 효율적으로 대처를 하려면 자기 내면을 좀 더 살펴보는 작업을 해야 한다. 인생의 오전 시기인 청년기에는 내가 타인이나 사회적 기준에 어떻게 만족시키고 부응했느냐가 중요했다. 그렇지만 이제는 과거에 다소 등한시했던 여가 활동과 취미 활동을 시도해 보는 것도 유용한 대응책이 될 수 있다. 개인 삶의 불균형을 지각하고 삶의 내·외면의 균형을 되찾으려는 시기가 바로 중년기이기도 하다.

이제 칠순을 맞이하신 아버지와 통화를 하다 보면 이런 질문을 나에게 하신다. '요즘 재미있니?' 이 질문에 대해 어떨 때는 그렇다고 말하는 경우도 있었고, 슬럼프를 겪었던 시기에는 답을 하기가 어려운 경우도 있었다. 중년의 시기에 마주한 우리들은 이러한 질문을 우리 내면에 해 보는 것이 필요하다. 내가 무엇을 할 때 기쁨과 행복을 느꼈고 몰입의 경험을 했었는지를 말이다. 시간이 된다면 집 근처의 조용한 카페나 도서관에 가서 자신이 좋아하는 음악을 들으면서 다이어리 한 편에 내면의 질문에 대해 기록을 해보는 것이 시작일 수 있다.

빌 게이츠Bill Gates의 경우 일 년에 1~2회 정도 조용한 곳에 가서 생각하는 시간을 갖는다. 이때 지인과 연락은 뒤로 하고 회사와 미래에 대해 촘촘히 구상해 본다고 한다. 정신분석가인 칼 융의 경우도 상담이 비는 시간마다 호숫가와 모래밭에서 돌을 쌓아 작은 집이나 성을 지었고 결국에는 마을 전체를 완성했다고 전해진다. 이후에도 그는 매일 오후 일정 시간 쌓기 놀이로 시간을 보냈다고 한다. 이러한 작업을 통해 그가 깨달은 것은 이렇게 놀다 보면 생각이 구체화 되고 명료해지며 창조적인 돌파구로 이어지는 여러 새로운 생각의 흐름을 인지할 수 있었다는 사실이다. 칼 융과 빌 게이츠 두 사람은 바쁜 일상생활 속에서 일정 시간의 멈춤의 작업을 아주 용이하게 보낸 사람들이다.

바쁜 일과 중에서 아버지와 어머니 등 다중의 역할 가운데 자기 내면의 생각과 감정의 흐름을 멈춤의 지혜 속에서 조망해 보는 것도 필요한 습관이자 부분이다.

Special tip 건강한 중년 시기 계획 및 조망하기

* 일상생활 속에서 여러분들이 주로 어떤 분야 유튜브를 보고 있는지 점검하는 것도 필요합니다. 현재 내가 관심 있는 분야가 곧 나의 모습을 나타내는 것이기 때문입니다.

* 30대 중반 이후부터 느끼게 되는 중년기는 또 다른 시작이자 그동안 간과했던 우리 내면의 욕구와 정서를 알 수 있는 시기입니다.

* 청소년들에게 있어서 부모님들이 건강하고 균형적인 중년기를 계획하고 무엇인가에 열정적인 모습을 보이게 되면 그것만으로도 청소년들에게 모델이 될 것입니다.

Self Check 나의 여가 생활은?

자녀들을 잘 아는 것보다 더욱 중요한 것은 '나'를 알아가는 것이다. 어떻게 본다면 인생이라는 과정은 자기의 지도와 길을 만나는 것과도 같다.

✐ 다음 표에 자신이 관심이 있었던 과거의 취미와 여가생활을 기록해 보고 미래에 관심이 있거나 좀 더 실력을 향상하고 싶은 분야를 기록해 보세요.

시기	취미와 여가생활	기쁨의 이유
10대		
20대		
30대		
40대		
50대		
60대		
70대 이후		

마음 챙김 하기

현재 직장인 10명 중 7명은 스트레스를 호소할 정도로 스트레스는 직장인들을 더욱 힘들게 만드는 요인이 되고 있다. 잡코리아 설문조사 결과에 의하면, 번아웃증후군까지 야기시키는 스트레스의 원인 1위는 일이 너무 힘들고 많아서, 2위는 매일 반복되는 업무에 지쳐서, 3위는 인간관계로 인한 소진, 그다음은 직무가 적성에 맞지 않아서인 것으로 나타났다.

이러한 결과는 현재 우리 사회가 성취와 경쟁을 추구하는 가치관이 너무나 팽배한 것과 일치한다고 판단된다. 특히 위로는 부모 세대의 노후를 일정 수준에서 지원해야 하고 아래로는 자녀 양육에 대한 부담감이 영향을 주는 것으로 풀이된다. 이런 다양한 요인으로 인해 야기되는 스트레스에 대한 뚜렷한 대처방식은 없는 것일까?

- 스트레스에 대한 안전 대처

보통 우리는 학부모로서 한 개인으로서 과도한 스트레스 상황에서 포기하기, 공격행동, 쾌락 추구, 자기 비난, 혹은 타인 비난, 회피, 방어적인 방법을 선택하기 쉽다(양난미, 이은경, 송미경, 이동훈, 2015).[21] 그렇다면 우리가 스트레스를 받을 때 선택하는 안전 대처와 비안전 대처는 무엇인가? 먼저 안전 대처는 개인이 자신을 편안함과 안정감을 느끼고 돌볼 수 있는 행동이나 습관을 의미한다. 반면에 비안전 대처는 청소년의 정신건강에 해를 끼칠

---

21) 출처 : 양난미, 이은경, 송미경, 이동훈 (2015). 외상을 경험한 여자 대학생의 성인 애착과 외상 후 성장과의 관계에서 스트레스 대처방식의 매개효과. 상담학연구, 16(1), 175~197.

수 있는 행동이나 습관을 의미한다. 안전한 대처로는 자기 몸을 잘 돌보기, 음악 및 운동 등으로 스트레스를 표출하기, 즐거운 활동에 참여하기 등이 해당한다. 반면에 비안전 대처로는 다른 사람에게 화를 내기, 충동적으로 행동하기, 아무런 표현하지 않고 참기, 중독 물질이나 행동에 의존하기 등이 해당한다. 여러분들은 스트레스 상황 속에서 어떤 대처를 보이고 있는가? 이 부분도 심도 있게 고려해 봐야 할 것이다.

내가 상담했던 내담자들의 경우, 내담자들이 회복을 보이는 공통의 지점이 안전 대처 전략을 활용하고 있었다. 상담받기 전에는 마음이 불안정하고 부정적 정서가 몰려올 때 술이나 담배 등에 몸을 맡겼으나 상담을 받은 뒤 클래식 음악을 듣는다던가 꾸준히 체력 관리를 하는 등 안전 대처를 하게 되었다.

- 피할 수 없는 불안

인간은 본래 태어난 순간부터 불안과 맞닥뜨리게 되는 운명이다. 출산 과정은 산모와 태아 모두에게 죽음의 위험을 뚫고 나오는 순간이자 고통이다. 모든 생명이 소중하고 가치 있는 이유 중 하나도 우리 한 개인들은 바로 죽음의 불안과 사투를 벌이면서 태어났기 때문이다. 삶과 죽음은 근본적으로 맞닿아 있기 때문에 우리에게 있어 산다는 것 자체가 불안한 것으로 여러 철학자와 심리학자들은 언급하고 있다. 실존주의 철학자나 심리학자들은 인간이 삶을 살아내고 이를 마무리 하는 과정 중에 불안은 필연적으로 느낄 수밖에 없다고 본다. 즉, 아무리 행복하고 부유한 사람일지라도 앞으로 그에게 다가올 미래를 예측하지 못하기에 우리는 불안할 수밖에 없다고 본다.

- **안정화 기법**

하루의 삶 속에서 우리는 다양한 감정을 인지하게 된다. 어떤 감정은 우리가 긍정적 정서를 유발하며 하루를 기쁘게 영위하는 데 영향을 끼친다. 그러나 공포와 불안과 같은 감정 또한 우리가 느낄 수밖에 없는 데 문제는 한 개인의 불안과 공포 등의 부정적 정서가 너무나 클 때이다. 우리가 불안과 같은 정서나 스트레스 상황에서 자신을 보호해 줄 수 있는 안전지대(Safe-zone)를 만드는 것이 중요하다. 안전지대는 한 개인이 안정된 정서와 감정을 가질 수 있도록 하는 하나의 습관이자 방법이 될 수 있다. 안전지대를 구축함으로써 '나는 지금 안전하다'라고, 스스로 말해줄 수 있다.

불안과 스트레스가 과도하게 촉발되어 정신과 몸이 혼란 상태를 보이게 될 때, 우리는 몸의 브레이크 기능을 사용할 수 있다.

이에 대해 소마틱 치료(Somatic Experience: SE)의 대가인 피터 레빈Peter Levine. 1942~현재의 안정화 기법을 소개한다. 가장 위기 상황 속에서 사용하는 안정화 기법에는 그라운딩(Grounding)과 몸의 경계(Body Boundary) 확인하기가 있다.

그라운딩은 바닥과의 접촉을 통해 의식이 도망가지 않고 현실의 몸으로 돌아오는 것을 돕는다. 촉발되어 올라오는 불안을 낮추게 하기 위해서는 몸을 바닥으로 접지하는 것이 신경계를 안정화하는 데 효과적이다. 서 있으면 양쪽 발바닥 두 개의 포인트가 지면에 접촉하게 된다. 의자에 앉으면 의자 지면에 닿는 양쪽 좌골까지 포함해서 네 개의 포인트가 지면에 접촉하게 돼야 안정감을 느낄 수 있다. 이 방법이 신체를 안전하게 하는 그라운딩 방법이며 그라운딩을 통해 감정적 고통(화, 슬픔)으로부터 분리하기 위한 간단한 전략으로 자신과 외부 세계 둘 사이의 균형을 찾게 해준다.

일상에서 적용할 수 있는 그라운딩의 예로는 차갑거나 따뜻한 물에 손 담그기, 아끼는 소장품을 가지고 다니기, 안전한 장소를 떠올려 보기, 나를 위한 선물하기 등이 해당한다. 그라운딩에는 감각에 초점을 맞추는 신체적 그라운딩, 마음에 집중하는 정신적 그라운딩, 자기 자신에게 해 주는 진정형 그라운딩 등이 있다(이은아, 2017[22]). 이에 대한 설명과 예시는 [표 12]와 같다.

그라운딩 유형	방법
신체적 그라운딩	차갑거나 따뜻한 물에 손을 담그기, 내가 앉은 의자를 최대한 세게 잡기, 자신이 아끼는 소장품을 소유하고 다니기, 발뒤꿈치를 바닥에 단단히 붙여 땅과 연결됨을 느끼기, 스트레칭 및 호흡하기
정신적 그라운딩	모든 감각을 사용해서 주변을 자세히 관찰하기, 나이 세어 보기, 매일 활동을 상세히 기술하기, 상상하기, 안전 문장 말하기
진정형 그라운딩	가장 좋아하는 것을 말하기, 나를 지지해 주고 좋아하는 사람 회상하기, 안전장소 떠올려 보기, 자기 위로(Self-talk)하기, 나를 위한 선물하기

[표12. 그라운딩의 방법]

22) 출처 : 「안전기반치료」. Lisa M. Najavits. 이은아 역 (2017). 하나의학사. 재인용

몸의 경계를 알아보는 방법으로 피부를 접촉하는 두드림(Tapping) 작업이 있다. 누군가가 정신을 잃어버려서 혼란스러울 때 우리는 본능적으로 그 사람의 몸을 흔들게 된다. 이것이 기본적으로 두드림의 행동이다. 손으로 신체를 가볍게 톡톡 두드림으로써 깨어 있음을 확인하고 점검할 수 있다. 피부 경계를 조금 더 강하게 터치하는 스킨십은 마비된 몸의 감각을 깨우고, 현실 감각을 되찾는 데 도움을 준다.

보통 심폐소생술을 할 때 의식을 잃은 사람들에게 가장 먼저 하는 과정이 두드림이다. 의식을 잃은 사람의 신체를 가볍게 두드림으로써 그 사람의 의식을 깨워줄 수 있기 때문이다.

최근의 신경심리학이나 다양한 심리학 이론을 통해서 입증된 사실은 부모가 심리 정서적으로 안정이 되어야 아이들 또한 안정된 마음과 생각으로 공부와 여러 과업에 임할 수 있다는 사실이다. 사람은 사회적으로 관계를 형성하고 유지해야 하는 존재이며 타인과 원만한 관계를 유지해야 자신에게 맡겨진 과업을 수행할 수 있을 것이다. 그렇기 때문에 청소년들에 대한 심리 정서적인 부분을 점검하고 도움을 주는 것도 중요하지만 청소년을 지도하는 다양한 전문가들의 도움을 받아 삶에서 균형적이고 안정적인 삶을 살 수 있도록 고민을 해 보는 것도 중요하다.

Self Check 접지감각 찾기[23] : 그라운딩(Grounding)

(1) 맨발로 발바닥을 지면에 붙이고 서 본다. 발바닥의 감각을 느껴 본다.

(2) 발바닥의 접지 감각을 느껴보기 위해 무게중심을 좌우로 이동하면서 중력을 한쪽 발에 실어서 발바닥을 눌러본다. 무게중심을 오른쪽으로 완전히 이동해서 오른발의 접촉을 온전히 느껴본다. 그리고 왼쪽으로 무게중심을 이동해서 왼발의 접촉을 온전히 느껴본다.

(3) 두 발바닥을 균등하게 접지한 후 이번에는 앞뒤로 무게중심을 조금씩 이동해 본다. 발바닥의 전면 혹은 후면으로 무게중심이 실릴 때 더 깊숙이 접지되는 감각을 느껴본다.

(4) 이때 발바닥 전체가 균등하게 바닥에 닿을 수 있도록 완전히 접지해 보는 것이 중요하다. 마치 발바닥에 물감을 찍어서 바닥에 찍는다면 발바닥 모양이 전체가 잘 찍힐 수 있도록 눌러보는 것을 상상해 본다.

---

23) 출처: 「몸이 나를 위로한다」 남희경 (2021). 생각 속의 집. 재인용

에필로그

갓 태어난 아이가 성장할수록 부모들은 그만큼 나이를 먹게 됩니다. 아이의 발달은 상승적 발달이라고 본다면 부모의 발달은 하강적 발달이라고 볼 수 있습니다. 상승적 발달은 신체적 기능과 정신적 기능이 월등히 성장하는 것이며 부모의 하강적 발달은 신체 및 정신적 기능이 서서히 퇴보하는 것을 의미합니다. 발달의 과정이 지속될수록 아이와 부모 간의 보고 느끼는 감정, 생각, 가치관 등이 점점 차이 나는 것을 경험합니다.

상반된 발달의 흐름 속에서 아이를 양육하는 것과 한 존재로서 내가 성장하는 것은 관련성이 있음을 전달하고자 합니다. 유아기, 아동기, 청소년기 3가지 발달 시기와 그 시기의 중요한 내용들 중심으로 제시해 보았습니다.

유아기에 유아는 세상에 태어납니다. 그 시기에는 어머니를 비롯한 중요타자의 절대적인 정서적 지지와 관심이 필요합니다. 유아를 바라보는 어머니의 눈과 목소리 음성 하나하나가 유아들 성장의 지침이며 유아들의 내면에 또 다른 자기 모습으로 자리 잡게 됩니다. 태어난 지 한 해 정도 지나게 되면 어느덧 어른처럼 두 발로 서기를 시도합니다. 넓은 세상으로 나아갈 때가 되었으며 엄마의 품보다 더 큰 거대한 세상이 있음을 인지하게 됩니다.

유아기를 안정적으로 보내게 되면 아동기로 접어들게 됩니다. 아동기는 신체·정서·인지적으로 많은 성장을 보이게 되며 이전의 발달 시기가 어머니의 품 안에 국한이 되었다면 이제는 외부의 세계로 그 공간적으로 관계적 면에서도 행동반경이 넓어지게 됩니다. 행동반경과 생활반경의 확대는 자신에 대한 긍정적이거나 부정적인 자아개념을 형성하는 데 영향을 끼치게 되며 본격적인 학습과 사회의 한 존재로서 역량을 갖추기 위한 교육을 받게 됩니다.

초등학교 고학년으로 올라가면서 아동은 본격적으로 청소년기로 접어들게 됩니다. 청소년의 시기에 대해서 여러 학자가 이 시기를 정의하고 연구하였기 때문에 그만큼 중요하고 최근에 더욱 조명을 받는 시기이지요. 청소년기의 주요 이슈는 '나'는 누구인지, '나'라는 존재는 앞으로 무엇을 어떻게 행하며 살아야 할지, 다른 대상과 어떤 차이가 있는지 정체성에 대한 질문을 품고 살게 됩니다. 이 시기에는 청소년기의 특성을 숙지하고 이해함으로써 청소년들과 최소한의 대화를 나눌 수 있는 배려와 관심이 필요합니다. 아이가 청소년기쯤이 되면 어느덧 부모와 어깨를 나란히 하는 신체적 성장도 보여줌에 따라 이전까지 한없이 높아만 보이던 부모라는 존재가 왜소하고 모순점도 있는 것을 인지하게 되지요. 부모의 모순점을 아이들이 지적하거나 솔직하게 표현한다면 그에 대해 여유 있게 대화를 통해 간극을 좁히는 방법도 알아야 합니다. 유아기, 아동기, 청소년기를 특성을 이해하고 나를 대입시켜 생각해 봄으로써 함께 성장할 수 있습니다. 아이의 성장과 함께하는 지침이 되길 바랍니다. 이 세상 그 어떤 아이들도, 부모들도 완벽한 존재로 태어나고 삶을 영위하지 않습니다. 삶의 바쁜 궤적 속에서 한걸음 지나온 삶을 반추해 보는 자세를 가진다면 더욱 풍성한 삶을 살 수 있을 것입니다.

유아기 참고문헌

권혜경 (2016). 감정조절. 을유문화사

김미숙 (2020). 십 대들의 중독. 이비락

노안영, 강영신. (2009). 성격심리학. 학지사

도나잭슨 나키나와 저. 박다솜 역. (2020). 멍든 아동기 평생을 결정한다. 모멘토

이유정 (2021). 상담실에서 왜 연애를 말하게 되었냐면. 스토리

이수진 (2016). 꼭 알고 싶은 정신분석의 모든 것. 소울메이트

에드 트로닉 클로디아 M. 골드 저. 정지인 역(2022). 관계의 불안은 우리를 어떻게 성장시키는가? 북하우스

오카다 다카시 저. 이정은 역. (2021). 오늘 내가 행복하지 않은 이유, 애착장애. 메이트북스

다이애나 포샤, 대니얼 시걸, 매리언 솔로몬 저. 노경선 외 역. (2013). 감정의 치유력. 눈출판그룹

루이 코졸리노 저. 이민희 역(2013). 뇌기반상담심리학의 이론과 실제. 시그마프레스

마크 월린 저. 정지인 역. (2016). 트라우마는 어떻게 유전되는가? 심심

최영민 (2010). 대상관계이론을 중심으로 쉽게 쓴 정신분석이론. 학지사

필리스 타이슨, 로버트 타이슨 저. 박영숙 외 역. (2020). 정신분석적 발달이론의 통합. 산지니

피터 로번하임 저. 노지양 역(2022). 애착효과. 교양인

EBS 파더쇼크 제작팀(2013). 파더쇼크. 쌤앤파커스

Herzog, J. M. (1980). Sleep disturbance and father hunger in 18-to28-month-old boys: The Erlkong syndrome. Psychoanal. Study Child, 35, 219-233

MacLean, P. D. (1985). Brain evolutin relating to family, play, and the separation call. Archives of General Psychiatry, 42, 405-417

Mahler, M. S. (1975). On the current status of the infantile neurosis. J. Amer. Psychoanal. Assn, 23. 327-333

Pedersen, F. A. & Robson, K. S. (1969). Father participation in infancy. Amer. J. Orthopsychiat. 39. 466-472

Judith Shulevitz. (2014). 고통의 과학(The Science of Suffering). the new republic. November, 16

Uvnas-Moberg, K., & Erickson, M. (1996). Breastfeeding: Physiological, endocrine and behavioural adaptations caused by oxytocin and local neurogentic activity in the nipple and mammary gland. Acta Paediatirca, 85, 525-530

Shore, A. N. (1994). Affect regulation and the origin of the self: The neurobiology of emotional development. Hillsdale, NJ : Erlbaum

아동기 참고문헌

대니얼 시걸, 티나 브라이슨 저. 안기순 역. (2019). 예스 브레인 아이들의 비밀. 김영사

민중서림 편집부. (2020). 엣센스 국어사전. 민중서림

유경훈 (2011). 청소년의 자기효능감과 학업성취 간의 관계 연구. 숭실대학교 영재교육연구소, 1(2), 3-15

손은령, 김민선, 김현정, 이혜은, 김지연, 이순희 (2020). 대학생의 행복한 삶을 위한 진로심리학. 학지사

Thomas, A., & Chess, S. (1984). Genesis and evaluation of behavior. From infancy to easy child life. American Journal of Psychiatry, 141, 1-9.

캐럴 드웩 저. 김준수 역. (2023). 마인드 셋. 스몰빅라이프

https://www.teen1318.or.kr

이에스더 (2022). 내 아이를 위한 엄마의 뇌 공부. 시대인

권석만 (2012). 현대 심리치료와 상담이론. 학지사

천성문, 이영순, 박명숙, 이동훈, 함경애 공저 (2015). 상담심리학의 이론과 실제. 학지사

김춘경, 이수연, 이윤주, 정종진, 최웅용 공저 (2016). 상담의 이론과 실제. 학지사

한국학중앙연구원

한국민족문화대백과사전 http://encykorea.aks.ac.kr

헨리 뢰디거·마크 맥대니얼·피터 브라운 저. 김아영 역. (2014). 어떻게 공부할 것인가? 와이즈베리

청소년기 참고문헌

권정혜 (2020). 인지행동치료 원리와 기법. 학지사

권석만 (2013). 현대 이상심리학. 학지사

구본권 (2020). 로봇 시대 인간의 일. 어크로스

김붕년 (2021). 10대 놀라운 뇌, 불안한 뇌, 아픈 뇌. 코리아닷컴

김은희 (2022). 10대, 인생을 바꾸는 진로 수업. 미다스북스

김현수 (2015). 중2병의 비밀. Denstory

김혜령 (2020). 내 마음을 돌보는 시간. 가나

노안영, 강신영 (2009). 성격심리학. 학지사

대니얼 시걸 저. 최욱림 역. (2014). 십 대의 두뇌는 희망이다. 처음북스

대릴 샤프 저. 류가미 역. (2009). 생의 절반에서 융을 만나다. 북북서

로버트 존슨·제리 룰 저. 신선해 역. (2020). 내 그림자에게 말 걸기. 가나출판사

문요한 (2020). 오티움. 위즈덤하우스

박종서, 신지나, 민준홍 (2020). 10대가 알아야 할 미래의 직업이동. 한스미디어
사이토 다카시 저. 오근영 역. (2014). 내가 공부하는 이유. 걷는 나무
이혜은, 손은령, 김민선, 김지연, 이순희, 김현정 (2020). 대학생의 행복한 삶을 위한 진로심리학. 학지사
임은미 외 (2020). 미래사회 진로교육과 상담. 사회평론아카데미
양난미, 이은경, 송미경, 이동훈 (2015). 외상을 경험한 여자 대학생의 성인 애착과 외상 후 성장과의 관계에서 스트레스 대처방식의 매개효과. 상담학연구, 16(1), 175~197.
앤디림, 윤규훈 (2020). 10대를 위한 완벽한 진로 공부법. 체인지업북스
전도근, 윤석은, 윤소영 (2014). 우리 아이를 행복하게 하는 진로코칭. 교육과학사
새뮤얼 아브스만 저. 이창희 역. 2014). 지식의 반감기. 책읽는 수요일
한민족문화대백과사전. http://encykorea.aks.ac.kr
한상철, 김혜원, 설인자, 임영식, 조아미 (2014). 청소년심리학. 교육과학사.
한국청소년정책연구원 (2015). 20대 청년, 후기청소년정책 중장기 발전전략 연구 : 4년제 일반대학 재학 및 졸업자를 중심으로
한국고용정보원 (2007). '부모를 위한 자녀 진로지도프로그램 개발 연구', 한국고용정보원
켄 베인 저. 이영아 역. (2013). 최고의 공부. 와이즈 베리
Alexis A. Johnson 저. 강철민 역 (2020). 한 권으로 읽는 정신분석. 학지사
Lisa M. Najavits. 이은아 역 (2017). 안전기반치료. 하나의학사.
William Crain 저. 송길연, 유봉현 역. (2011). 발달의 이론. 시그마프레스
대니얼 시걸, 티나 페인 브라이슨 저. 김아영 역. (2020). 아직도 내 아이를 모른다. 알에이치코리아
Muuss, R. E. (1988). Theories of adolescence(5th Ed,), New York: McGraw-Hill.
국가건강정보포털
https://100.daum.net/encyclopedia/view/145XXXXXXX960
더불어 사는 사회. https://brunch.co.kr/@ljs-president/51
서울특별시자유학년지원센터. https://www.sen.go.kr/sfree
대전광역시의 자유학년제지원센터. https://www.dje.go.kr/freesem/main.do
이혜은, 배영광 (2022). 학교 밖 청소년의 주체적인 진로구성경험에 대한 내러티브 탐구. 청소년상담연구. 30(1), 71-101
남희경 (2021). 몸이 나를 위로한다. 생각속의 집

나를 알면 내 아이가 보인다.

발행일 | 2023년 10월 30일

지은이 | 배영광
발행인 | 김미영
발행처 | 지식공유
기획편집 | 김미영
표지디자인 | 김지영

출판등록 | 2017년 4월 25일
주소 | 서울특별시 마포구 만리재로 14. 2201(공덕동)
팩스 | 0504-477-9791
이메일 | ksharing@naver.com
홈페이지 | www.ksharing.co.kr

ISBN 979-11-91407-24-2(13590)

◦ 본 책의 가격은 표지 뒷면에 있습니다.
◦ 본문에는 네이버에서 제공한 나눔 명조, 나눔 고딕 글꼴이 적용되어 있습니다.

지식공유에서는 여러분의 희망과 도전의 씨앗을 함께 틔우겠습니다.
원고와 기획안을 연락처와 함께 보내 주시면 검토 후 연락드리겠습니다.